ちくま学芸文庫

数学の楽しみ
身のまわりの数学を見つけよう

テオニ・パパス
安原和見 訳

筑摩書房

THE JOY OF MATHEMATICS
Discovering Mathematics All Around You by Theoni Pappas
Copyright © 1989 by Theoni Pappas
Japanese translation published by arrangement
with Wide World Publishing/Tetra
through The English Agency (Japan) Ltd.

数学はほんとうに多種多様な顔を持っているが，この本でその一部でも紹介できればと思っている．これから紹介する物の見かたや考えかたに興味を持ち，もっとくわしく知りたいと思ってもらえたらとてもうれしい．

——テオニ・パパス
Theoni Pappas

目 次

まえがき

- 016 10進法の進化
- 018 ピタゴラスの定理
- 020 錯視とコンピュータ・グラフィックス
- 021 サイクロイド ── 幾何学のヘレン
- 024 三角形から正方形へ
- 025 ハレー彗星
- 029 不可能な三角形
- 031 結縄文字(キープ)
- 034 書体とフォント
- 035 小麦とチェス盤
- 036 確率とπ
- 039 地震と対数
- 042 連邦議会議事堂の放物面反射天井
- 045 コンピュータと数のかぞえかたと電気
- 048 トポ ── 数学的ゲーム
- 050 フィボナッチ数列
- 053 ピタゴラスの定理のバリエーション
- 055 3つの輪 ── 位相幾何学的モデル
- 056 解剖学と黄金分割
- 058 カテナリー(懸垂線)と放物線
- 059 T字パズル
- 060 タレスと大ピラミッド
- 061 無限ホテル
- 062 結晶 ── 自然の生んだ多面体

064 パスカルの三角形, フィボナッチ数列, 二項式
066 ビリヤード台の数学
067 電子の運動の幾何学
068 メビウスの輪とクラインの壺
071 サム・ロイドのパズル
072 数学と折り紙
076 フィボナッチのトリック
077 数学記号の進歩
081 レオナルド・ダ・ヴィンチの幾何学的設計
082 歴史的事件のあった10の年
084 ナポレオンの定理
085 数学者としてのルイス・キャロル
088 手で数える
089 メビウスの輪をひとひねり
090 ヘロンの定理
092 ゴシック建築と幾何
093 ネイピアの骨
095 絵画と射影幾何学
097 無限と円
098 不思議な競走路
099 ペルシアの馬とサム・ロイドのパズル
101 ルーン
104 自然のなかの六角形
106 グーゴルとグーゴルプレックス
107 立体方陣
108 フラクタル——現か幻か

- 111 ナノセカンド──コンピュータで時間を計る
- 112 レオナルド・ダ・ヴィンチのジオデシック・ドーム
- 113 魔方陣
- 120 "特殊な"魔方陣
- 121 中国の三角形
- 122 アルキメデスの死
- 123 非ユークリッド幾何学の世界
- 127 砲丸とピラミッド
- 128 ニコメデスのコンコイド
- 131 三つ葉結び目
- 132 ベンジャミン・フランクリンの魔方陣
- 133 無理数とピタゴラスの定理
- 135 素数
- 138 黄金方形
- 145 3・4フレクサゴンを作る
- 146 狭い場所に無限を見出す
- 148 プラトンの立体5種
- 150 ピラミッド法で作る魔方陣
- 151 ケプラー・ポアンソの立体
- 152 偽らせんの錯視
- 153 正20面体と黄金方形
- 154 ゼノンのパラドックス──アキレスと亀
- 156 神秘六角形
- 157 硬貨パズル
- 158 テセレーション
- 161 ディオファントスのなぞなぞ

- 162 ケーニヒスベルクの橋の問題と位相幾何学
- 164 ネットワーク理論
- 166 アステカの暦
- 168 不可能な三題
- 172 古代チベットの魔方陣
- 173 周囲の長さ,面積,無限級数
- 176 チェッカー盤の問題
- 177 パスカルの計算機
- 178 アイザック・ニュートンと微積法
- 179 日本の微積法
- 180 1=2の証明
- 182 結晶の対称性
- 183 音楽と数学
- 187 数の回文
- 189 抜き打ちテストのパラドックス
- 190 バビロニアの楔形文字の文献
- 191 アルキメデスのらせん
- 192 数学的概念の発達
- 194 4色問題——位相幾何学が引っくり返す地図塗り分け問題
- 197 絵画とダイナミック・シンメトリー
- 199 超限数
- 204 論理パズル
- 205 雪片曲線
- 207 ゼロ——その起源
- 208 パパスの定理と9つの硬貨のパズル
- 209 日本の円形魔方陣

211	半球ドームと水の蒸留
212	らせん —— 数学と遺伝学
216	魔法の"線"
217	数学と建築
219	錯視の歴史
222	3等分と正三角形
223	薪,水,粉の問題
224	チャールズ・バベッジ—— 現代コンピュータ界のレオナルド・ダ・ヴィンチ
227	数学とイスラム美術
228	中国の魔方陣
229	無限と限界
230	偽造銀貨のパズル
231	パルテノン神殿 —— 光学的・数学的設計
233	確率とパスカルの三角形
237	インボリュート
238	五角形と五芒星と黄金三角
240	壁に向かって立つ3人の男
241	幾何学的ペテンとフィボナッチ数列
242	迷路
246	中国の"チェッカー盤"
247	円錐曲線
250	アルキメデスのポンプ
251	光滲による錯視
252	ピタゴラスの定理とガーフィールド大統領
254	アリストテレスの車輪のパラドックス

- 255 ストーンヘンジ
- 257 次元はいくつあるのか
- 259 コンピュータと次元
- 261 "二重の" メビウスの輪
- 263 逆説的曲線——空間充塡曲線
- 264 そろばん
- 265 数学と織物
- 266 メルセンヌの数
- 268 知恵の板
- 269 無限と有限
- 270 三角数,平方数,五角形数
- 271 エラトステネス,地球を測る
- 273 射影幾何学と線形計画法
- 275 クモとハエのパズル
- 277 数学と石けんの泡
- 278 硬貨のパラドックス
- 279 ヘクソミノ
- 280 フィボナッチ数列と自然
- 284 サルとココナッツ
- 286 クモとらせん

付録

参考文献

【 】は訳者による注記を示す

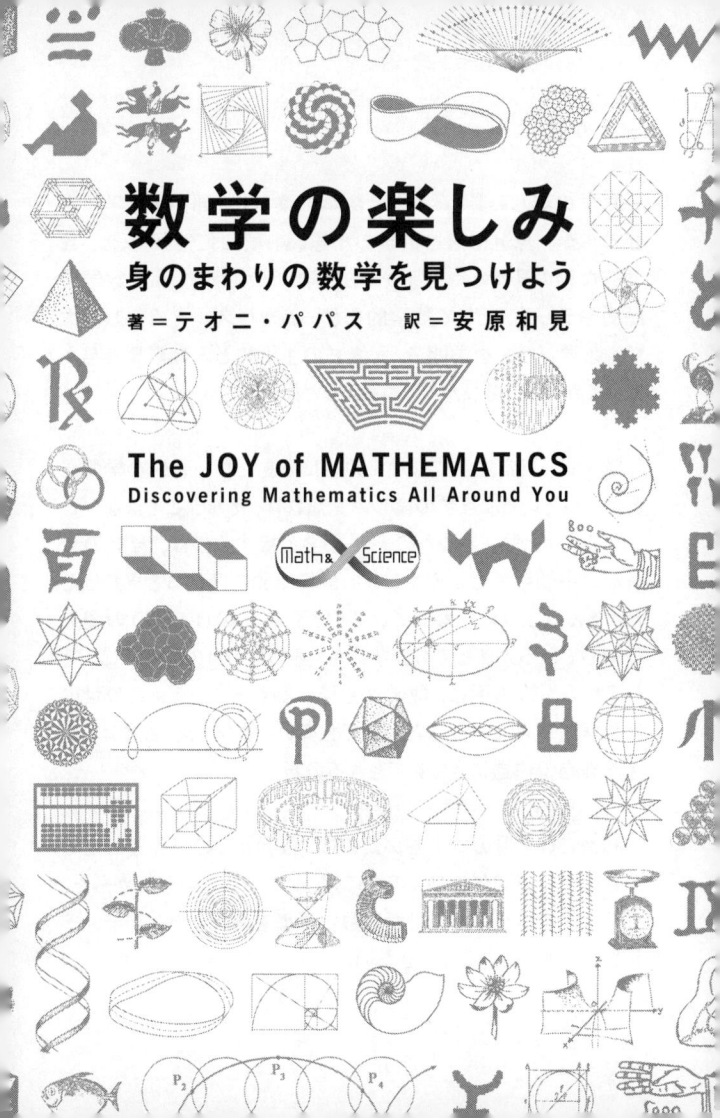

まえがき

『数学の楽しみ』と『もっと数学の楽しみ（邦題『数学は生きている　身近に潜む数学の不思議』秋山仁他訳）』は，数学的な物の見かたや考えかた，数学にまつわる疑問，数学の歴史やテーマ，そして数学的なゲームやパズルを紹介した本だ．数学がどんな学問で，私たちの生活にどんな影響を与えているか，感じをつかんでもらえると思う．

　数学は，日常生活にはなんの役にも立たない特殊な学問だと思われている（数学の楽しみを知れば，そんなことはないとわかるのだが）．ふつうの人が数学と接するのは，合計の合わない小切手帳とかややこしい計算で頭を痛めるときだけだと，そんなふうに思われているのだ．数学のほんとうの姿を理解している人はとても少ないが，身のまわりのすべてに，そして私たちの生活に，数学は密接に関わっている．この世には数学で説明できることがとても多い．数学的な概念は，生きた細胞の構造にさえ見てとれるのだ．

　私がこの2冊の本を書いたのは，数学とこの世界との切っても切れない関係を多くの人に知ってもらいたかったからだ．日常生活のさまざまな場面に数学は顔をのぞかせている．それをこれから紹介していきたい．

数学の楽しみは，なにかを初めて発見する喜びに似ている．子供のころの新鮮な驚きにも似ている．いちど体験したら，その喜びは二度と忘れられない．初めて顕微鏡をのぞいたときは，だれもがわくわくするものだ．いつも身近にありながら見ることができなかったものを，顕微鏡は見せてくれる．数学も，それと同じ興奮を味わわせてくれる．

『数学の楽しみ』の構成について，数学と自然，数学と科学，数学と美術，といったふうに分けようかと最初は思った．けれども，数学とこの世界との関係は，きちんと分類できるようなものではない．数学はごく自然にそこにあったり，思いがけないところに顔を出したりして私たちを驚かせてくれる．というわけで，発見の真の味わいを損なわないように，さまざまなテーマを無作為に並べていくことにした．『数学の楽しみ』と『もっと数学の楽しみ』の2冊は，どこでも好きなところから読んでかまわない．長い短いの差はあっても，個々の項目はどれも本質的に独立しているから．

　数学の純粋な喜びをいっぺん体験したら，その真の面白さがしだいにわかってくる．そうしたら，もっと学んでみたくてたまらなくなるだろう．

「……宇宙はつねに人間の目の前に開かれているが，それを理解するにはまず，それが書かれている言語を知り，文字を解読することを学ばなくてはならない．宇宙は数学という言語で書かれている．そしてその文字は三角形であり，円であり，その他の幾何学図形である．これがなかったら，宇宙の言葉は人間にはひとことも理解できない．これがなかったら，人は暗い迷路をただされまようばかりである」

—— ガリレオ
Galileo

「数学という学問は，それがたとえどんなに抽象的であっても，いつかはかならず現実世界の現象に応用できるものだ」

—— ロバチェフスキー
Lobachevsky

10進法の進化

　昔は,数をかぞえるのに位取りという方法が知られていなかった.しかし紀元前1700年ごろ,60を基数とする位取り法が発展してきた.これが生まれたのはメソポタミア地方だが,ここでは1年を360日とする暦を使っていたので,60進法はその暦と組み合わせて使うのにたいへん都合がよかった.現在知られている最古の位取り法はバビロニア人が考案したものだが,これももともとはシュメール人の60進法から発展してきたものだ.バビロニア人は,0から59までの数字を別々の60個の記号で表すのでなく,ふたつの記号――1を表す ▼ と10を表す ◀ だけで表していた.この表記法でも高度な数学的演算は可能だったが,ただ0を表す記号は発明されていなかった.0を表すときは,そこの位を空白のまま残していたのだ.紀元前300年ごろ, ◤ または ◢ という0を意味する記号が現れ,60進法は飛躍的に発展した.紀元前から紀元後に移り変わるころに,ギリシアとインドで10進法が使われはじめたが,まだ位取り記数法[1]は知られておらず,それぞれアルファベットの最初の10文字を使って数を表記していた.やがて500年ごろ,インドで10進法に基づく位取り記数法が発明された.9より大きな数を表す文字は使われなくなり,最初の9つの記号が標準化されたのである.825年ごろには,アラブの数学者アル・フワーリズミーが本を著して,このインドの記数法を絶賛している.10進法がスペインに伝えられたのは11世紀のことで,このときできたのがゴバル数字である.ヨーロッパは保守

的で変化を嫌ったし，分数を表記する簡単な方法がなかったため，文人や科学者は10進法の採用に乗り気でなかった．それでも10進法が広まったのは，売買にも簿記にも重宝するというので，商人たちが使いはじめたからである．その後，16世紀には10進法による分数表記も生み出され，1617年にはジョン・ネイピアが小数点を発明した．

　こうして発展してきた10進法だが，社会のニーズや計算方法が変化したら，いつか新しい記数法が現れて，10進法もすたれるときが来るかもしれない．

一 = ≡ ᚷ ᚴ 6 7 5 7	インド（ブラーフミー文字）——前300年ごろ
ᥒ ᥒ ᥒ ᥒ ᥒ ᥒ ᥒ ᥒ ᥒ ᥒ	インド（グワリオール文字）——後876年
ᥒ ᥒ ᥒ ᥒ ᥒ ᥒ ᥒ ᥒ ᥒ ᥒ	インド（デーヴァナーガリー文字）——11世紀
1 2 ɜ ɛ 5 6 7 8 9	西アラビア（ゴバル数字）——11世紀
١ ٢ ٣ ٤ ٥ ٦ ٧ ٨ ٩ ٠	東アラビア——1575年
1 2 ℨ ҁ ҁ ᚴ 8 9 0	ヨーロッパ——15世紀
1 2 3 4 5 6 7 8 9 0	ヨーロッパ——16世紀
1 2 3 4 5 6 7 8 9 0	コンピュータ数字——20世紀

---

[1] 位取り記数法とは，数字の位置によってその数字の表す値が変化するような記数法のことを言う．たとえば10進法で375と書けば，3の数字はたんに3を意味するのでなく，100の位にあるから300を意味するというわけである．

ピタゴラスの定理

代数や幾何学を勉強したことがあれば、"ピタゴラスの定理"を知らない人はいないだろう。この有名な定理は、多くの数学の分野で使われているだけでなく、建設や設計や測量といった分野でも使われている。古代エジプト人は、この定理の知識を使って四隅の直角な建造物を造っていた。3単位、4単位、5単位の結び目のある縄をつくり、その3本の縄を張って三角形を作る。その三角形はかならず、一番長い辺の対角が直角になるとエジプト人は知っていたのだ（$3^2+4^2=5^2$）。

ピタゴラスの定理——

$$a^2+b^2=c^2$$

直角三角形があるとき、その直角に対向する斜辺の2乗は、直角を作る2辺の2乗の和に等しい。

逆もまた成り立つ。
ある三角形の2辺の2乗の和が、第3の辺の2乗に等しいとき、その三角形は直角三角形である。

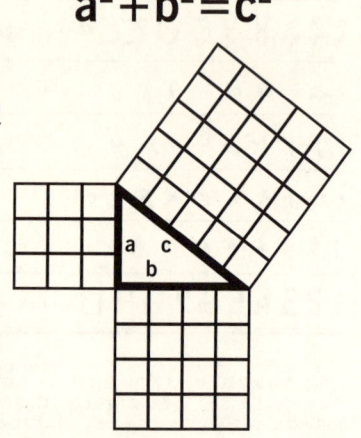

ギリシアの数学者ピタゴラス（紀元前540年ごろ）の名前がついてはいるが，ピタゴラスより1000年以上も前，ハンムラビ王時代のバビロニアでもすでにこの定理は知られていたようだ．ピタゴラスの名がついたのは，最初にこの定理を文字にして書き残したのが彼の学派だったからだろう．ピタゴラスの定理が知られていたことを示す痕跡は，どの大陸にも，どの文化や世紀にも見られる．これぐらいさまざまな形でその痕跡を残している定理は，おそらくほかにはないだろう．

錯視とコンピュータ・グラフィックス

　画像処理もまた，コンピュータの利用が模索されている分野だ．下にあげた錯視図は，コンピュータの描いた"シュレーダーの階段"である．これは反転型というカテゴリーに分類される錯視図だ．人間の脳は過去の経験や暗示によって影響を受ける．脳はまず対象をある見かたで見るが，しばらく時間が経つとその視点が変化してくる．その時間の長さは，その人の注意力——つまり，最初に注目した見かたにどれぐらいで飽きてしまうかによって決まる．このシュレーダーの錯視図の場合は，階段が上下ひっくり返って見えてくるはずだ．

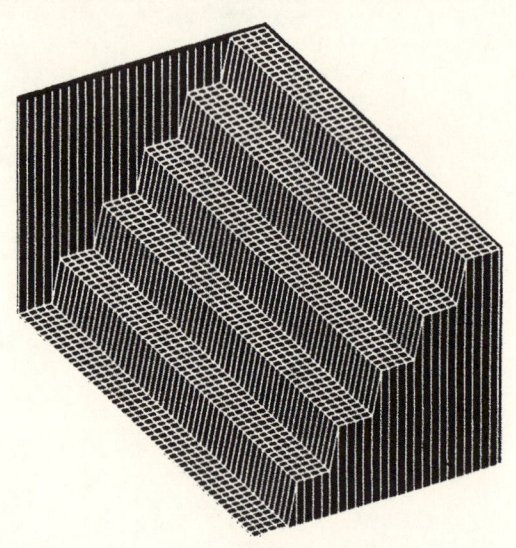

サイクロイド——幾何学のヘレン

 数学の生んだ面白い曲線は数多いが,サイクロイドもその1つである.サイクロイドとは,"円が直線上を滑らずに回転するとき,その円の円周上の定点が描く曲線" と定義されている.

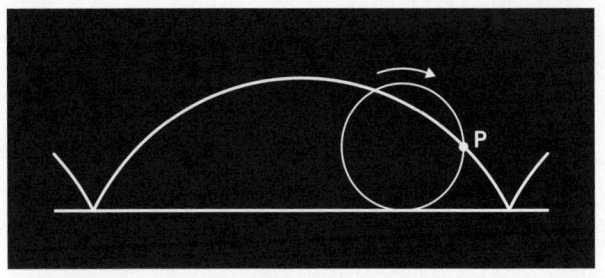

 サイクロイドの名は,早いところでは1501年に出版されたシャルル・ブヴェルの本にも出てくる.しかし,多くのすぐれた数学者(ガリレオ,パスカル,トリチェリ,デカルト,フェルマー,レン,ウォリス,ホイヘンス,ヨハン・ベルヌーイ,ライプニッツ,ニュートン)がその性質を熱心に研究しだしたのは,17世紀に入ってからだった.17世紀は,力や運動の数学に関心の集まった時代だったから,サイクロイドが熱い視線を浴びたのもそのせいだったのかもしれない.この時代には数多くの発見がなされたが,それと同時に,だれがなにを最初に発見したかという議論や,剽窃したしないの非難合戦,互いの業績のこきおろしもさかんにおこなわれた.その結果,サイクロイドには "争いの種" とか "幾何学のヘレン" というレッ

テルが貼られるようになってしまった．17世紀に発見された
サイクロイドの性質には，以下のようなものがある．

（1）サイクロイドの長さは，回転する円の直径の4倍になる．とくに興味深いのは，この長さがπとは関係のない有理数だということだ．
（2）サイクロイドの描くアーチの下の面積は，回転する円の面積の3倍になる．
（3）サイクロイドを描く定点の移動速度は変化する．なんと点P_5では0になる．
（4）サイクロイドを逆さまにした形の容器をつくり，その壁にビー玉を置くとすると，どこに置いても底に達するまでの時間は同じになる．

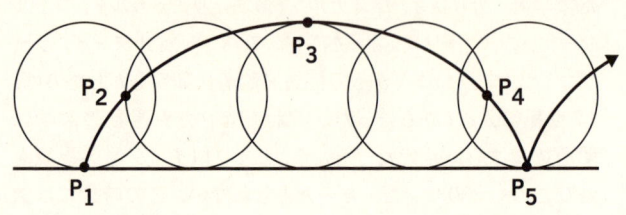

　各円は，円が4分の1回転したときの状態を示している．この図からわかるように，P_1からP_2までの距離は，P_2からP_3までの距離よりずっと短い．したがって，P_2からP_3へ移動するときは点Pの移動速度は上がっていたことになる（同じ時間でより長い距離を移動しているから）．また，点Pの移動する向きが変わる地点では，移動速度は0になっている．

サイクロイドには数々の不思議なパラドックスがある。とくに面白いのは"列車のパラドックス"だ。

列車が動いているとき，その列車のあらゆる部分が進行方向に向かって進んでいるわけではない。これはどの瞬間をとっても同じである。列車の一部はつねに，進行方向とは逆方向に動いている。

このパラドックスはサイクロイドを使って説明できる。以下にあげるのは"長サイクロイド"と呼ばれる曲線で，回転する車輪の外側に置いた定点の描く曲線である。これを見ると，車輪の一部が列車の進行方向とは逆向きに動いていることがわかる。

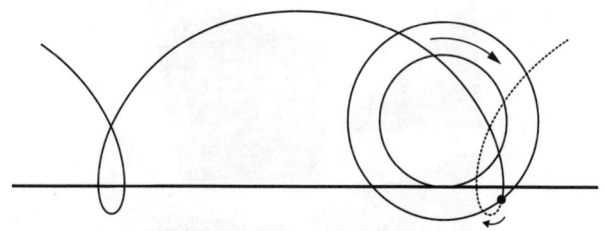

三角形から正方形へ

多角形はすべて，有限数の部分に切り離して並べ替えることによって，面積の等しい任意の多角形に変形することができる．これを初めて証明したのは，ドイツの数学者ダヴィット・ヒルベルト（1862～1943）だった．

この定理を証明するために作られたかのようなパズルがある．有名なイギリスのパズル製作者ヘンリー・アーネスト・デュードニイ（1847～1930）の作ったもので，正三角形を4つに切り離して正方形に変形させるというパズルだ．

ここに描いたのがその4つである．これ組み合わせてみよう．まずもとの正三角形を作り，次にそれを正方形にしてみよう．

☞ "三角形から正方形へ"の解答は付録を参照．

ハレー彗星

　天体の軌道や運動は，等式や図を使って数学的に表現することが簡単にできる．図を描いてみることで，天体の出現周期が明らかになることもある．ハレー彗星の場合もそうだったにちがいない．

　16世紀まで，彗星は説明できない天文現象だった．アリストテレスをはじめとするギリシアの哲学者は，彗星は地球の大気中に生じる幻影だと考えていた．1577年，この説をくつがえしたのが，有名なデンマークの天文学者ティコ・ブラーエである．デンマークのベーン島に建てられた天文台のおかげ

バイユーのタペストリーに描かれたハレー彗星

で，彼は1577年に現れた彗星を正確に観測することができた．その観測結果から，この彗星の地球までの距離は，地球と月の距離の少なくとも6倍はなければおかしいことが証明され，彗星が地球の大気中に生じる幻だという説が否定されたのだ．しかし，この発見から100年以上経ってからも，コペルニクスおよびケプラーの確立した太陽系の法則に彗星は従わないと信じられていた．ヨハネス・ケプラーでさえ，彗星は直線的に運動していると考えていたほどだ．しかし，そこに登場するのがエドマンド・ハレーである．1704年，ハレーは観測データの存在するさまざまな彗星の軌道を研究した．最もよく記録が残っていたのは1682年の彗星だったが，その軌道は1607年，1531年，1456年の彗星と同じ領域を通っていた．このことから，これらは同一の彗星であり，太陽のまわりを75年から76年周期で楕円軌道を描いてまわっているのだ，とハレーは結論した．この結論に基づいて，この彗星は1758年にまた現れると彼は予言したが，この予言がみごとに的中したため，この彗星は"ハレー彗星"と名づけられた．最近の研究によると，紀元前240年に中国の文献に記録された彗星も，このハレー彗星だったのではないかと言われている．

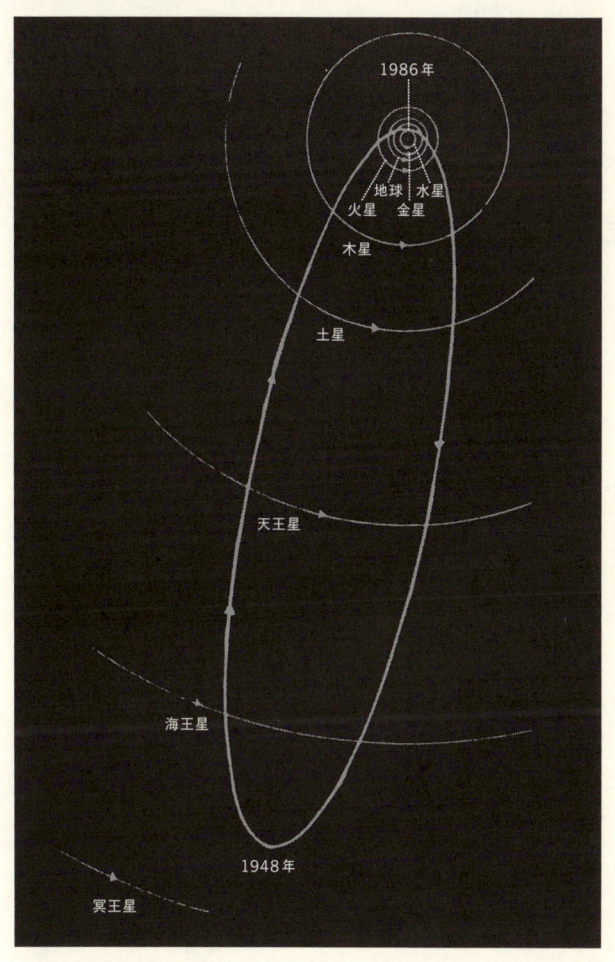

彗星のもとは氷の小惑星だと考えられている．これらの小惑星は太陽から1〜2光年離れて，太陽を球状に包むように分布している．氷と金属とケイ素の粒子からできているが，太陽系の遠いはずれにあるために凍りついている．そして，毎分5キロメートルの速さで太陽を中心に公転している．つまり，3000万年かけて太陽のまわりを一周しているのだ．ときおり，近くを通った天体の重力に干渉されて公転速度が落ちることがあり，そうなると小惑星は太陽に向かって落ちはじめるので，円軌道が楕円軌道に変形する．太陽の周囲を楕円形の軌道でめぐりはじめると，太陽に接近したときには氷の一部が蒸発する．これが彗星の尾であり，太陽風に吹き飛ばされるので常に太陽とは反対方向になびいている．彗星の尾は水蒸気と微粒子からできていて，太陽の光を反射して輝いて見える．木星や土星の重力の影響がなかったら，彗星はいつまでも楕円軌道を描いて太陽の周囲をまわりつづけるだろう．しかし実際には，一周するごとに彗星は太陽に近づいていき，ますます氷が溶けて尾が伸びる．この尾のせいで，彗星は実際よりはるかに大きく見える（一般的な彗星の直径はおよそ10キロメートルほど）．尾のなかには，もともと彗星の氷の層に埋もれていた隕石も混じっている．隕石は彗星の名残であり，彗星が崩壊して消えたあとまで残り，その軌道が地球の軌道と交わるときに隕石の雨を降らせるのである．

不可能な三角形

最初は珍しがられたデザインや図も,頻繁に目にするうちにしまいにはだれも驚かなくなるものだ.British Journal of Psychology(英国心理学会報)1958年2月号で,ロジャー・ペンローズが発表した"不可能な三角形"がそのいい例である.彼はこれを3次元の直角図形と呼んでいた.3つの直角はどれも正常に描かれているようだが,これは空間的に不可能な立体である.3つの直角で三角形を形作っているように見えるけれども,三角形は平面図形だし(立体ではない),3つの角の合計は180度であって270度にはならない.

もっと新しいところでは，ペンローズはツイスター理論の生みの親でもある．ツイスターは目には見えないが，ペンローズは空間と時間はツイスターの相互作用によって撚り合わされていると考えている．

ツイスター

　これは"ハイザーの錯視図"．これも数学的に不可能な図だが，どこが不可能なのかわかりますか？

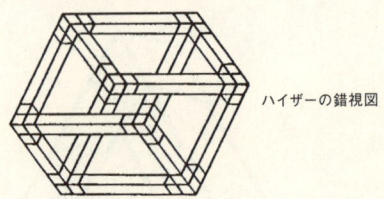

ハイザーの錯視図

結縄文字(キープ)

インカ帝国は，クスコを中心としてペルーの大半を含み，エクアドルやチリの一部にもまたがっていた．インカには数の表記法も文字もなかったが，長さ3000キロメートルにも及ぶ広大な帝国は，キープを使うことでたくみに運営されていた．キープとは結び目を作った縄のことだが，ここで使われているのは10進法に基づく位取り法だった．親縄から最も遠

これはペルーのキープを描いた図で，ペルーのインディオ，D・フェリペ・ポマ・デ・アヤラが1583年から1613年のあいだに描いたもの．左下すみに描かれているのは，トウモロコシの実を使ったそろばん式の計数器である．計算はこの計数器でおこない，その計算結果をキープに記録していた．

い列の結び目は1の位,次に遠い列は10の位,というようにして数値を表現していたのだ.ある縄に結び目がなければ,それは0を意味していた.結び目の大きさと色を組み合わせて,収穫高や税や人口などさまざまな情報を記録することができた.たとえば黄色い縄は黄金やトウモロコシを表すとか,人口のキープでは最初の縄は男,その次は女,3番めは子供を表す,というように.槍,矢,弓などの武器の数も同様にして記録されていた.

インカ帝国じゅうどこでも,会計はキープ書記と呼ばれる身分の人々に任されており,かれらはその技術を代々子孫に伝えていった.どの行政レベルにもそういう書記がいて,それぞれ専門の分野を担当していた.

文字がなかったので,キープは歴史を記録する手段としても使われていた.これらの歴史キープはアルマントゥス(賢者)によって記録され,次の世代に引き継がれた.キープを記憶のよすがとして,歴史を代々語り継いでいったのだ.

かくして,このキープという原始的な計算機は,その"メモリーバンク"に情報を"結びつけ",それによって文字どおりインカ帝国を1つに結びつけていたのである.

インカ帝国では,エクアドルからチリまで5500キロメートル以上に及ぶ"インカ道"が伸び広がっていた.広大な帝

国内で起きることはすべて,このインカ道を走るチャスキと呼ばれる専門の飛脚によって伝達されていたのである.チャスキは1人で3キロメートルほどを担当し,その担当の道路に関してはすみからすみまで知り尽くしていたため,昼夜を問わず全速力で走ることができた.このチャスキのリレーによって,情報は目的地まで伝えられていたわけである.インカ帝国の皇帝は,このチャスキ制度とキープによって,人口の変化,設備や作柄や財物の状況,反乱の可能性などの重要な情報をたえず把握していた.情報は1日24時間中継されていたから,非常に正確でしかも最新の情報を得ることができたのである.

書体とフォント

幾何学的原理が応用されている分野と言えば、建築、工学、室内装飾、印刷などがあげられる。アルブレヒト・デューラー（1471〜1528）は、幾何学的知識と芸術的才能を生かして、数多くの絵画形式や絵画技術を生み出したが、その1つがローマ字体の定式化だった。建築物や墓石に刻む大きな文字を、正確にバランスよく書くためにはどうしても定式化が必要だったのだ。以下の図はデューラーが描いたものだが、ローマ字体を書くために幾何学的手法を応用しているのがわかる。

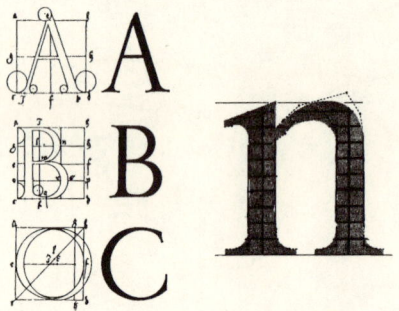

また今日では、コンピュータ科学の分野で、数学を使って高品質のフォントや図形を生み出すソフトウェアが設計されている。有名な例が POSTSCRIPT というプログラミング言語で、これはアドビ・システムズ社（カリフォルニア州パロアルト）がレーザープリンタで使うために開発したものだ。

小麦とチェス盤

チェス盤に小麦粒を置いていくとして,最初のマスには1粒,第2のマスには2粒,第3のマスには4粒,第4のマスには8粒,というように1マスごとに置く数を倍々にしていったら,小麦粒は全部でいくつ必要だろうか.

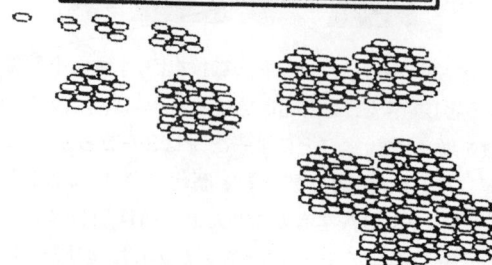

"小麦とチェス盤"問題の解答は付録を参照.

確率とπ

数学者や科学者は昔からπに取り憑かれてきたが,近年πは新しいファンを大量に獲得している.悪魔のようなコンピュータがπにしてやられる,という『スタートレック』のエピソードが放映されたおかげだ.πにはさまざまな顔がある.円の直径に対する円周の比であると同時に,超越数(整数係数の代数方程式の根にならない数)でもある.

3.14159265358979323846264338327950288419716939937510582097494459230781640628620899862803482534211706798214808651328230664709384460955058223172535940812848117450284102 7 ...

何千年も前から,人々はπを計算してより小さい小数位まで求めようとしてきた.たとえばアルキメデスは,内接多角形の辺の数を増やしていくことによって,πは $3\frac{1}{7}$ から $3\frac{10}{71}$ の間だと概算している.聖書の列王紀と歴代志では,πは3とされている.エジプトの数学者が求めた近似値は3.16だった.そして紀元後150年のプトレマイオスが出した値は3.1416である.

理論的には，アルキメデスの概算法は無限にくりかえすことができる．しかし，微積分が発明されてからは，彼の生み出した方法はすたれ，収束する無限級数，無限積，無限連分数が用いられるようになった．たとえばこんなふうに——

$$\pi = 4/(1+1^2/(2+3^2/(2+5^2/(2+7^2/(...)))))。$$

πの変わった計算法はいろいろあるが，18世紀フランスの博物学者，ビュフォン伯爵の考案した"針の問題"もその1つだ．平面上に一定幅（仮にdとする）をあけて平行線を何本も引き，長さがdより短い針をその平面上に落とす．その針が平行線の1本にかかっていたら成功とする．これに関して，ビュフォンは驚くべきことを発見した．失敗の回数に対する成功の回数の比を求めると，そこにπが顔を出すのだ．針の長さがdと等しければ，成功の確率は2/πになる．投げる回数が増えれば増えるほど，その結果はπの概数に近くなる．1901年，イタリアの数学者M・ラッツェリーニは3408回投げて，πの値を3.1415929と計算した．小数第6位までは合っている．もっとも，ユタ州オグデンの州立ウェーバー大学のリー・バッジャーは，ラッツェリーニがほんとうにこの実験をやったとは思えないと言っている[1]．確率的にπを求める方法はもうひとつある．1904年にR・シャルトルが発見した方

法で，2つの数（無作為に選んだ数）が互いに素である確率は，$\frac{6}{\pi^2}$ になるというのだ．

πの変幻自在ぶりにはまったく驚かされる．幾何学から微積分から確率まで，さまざまな分野を横断して顔を出してくるのだから．

---

[1] *False calculation of π by experiment*, by John Maddox. *NATURE* magazine, August 1, 1994, vol. 370, P. 323 参照．

地震と対数

　人間には，自然現象を数学的に記述しないと気が済まないところがあるようだ．これはたぶん，自然をある程度（おそらくは予知によって）コントロールする方法を発見したいと望んでいるからだろう．このことは地震についても言える．地震と対数にはあまり関係がないように思えるかもしれないが，じつはそうではない．地震の大きさ（マグニチュード）を測定するのには対数が使われているのだ．1935年にアメリカの地震学者チャールズ・F・リヒターの考案したリヒター・スケールでは，地震の規模

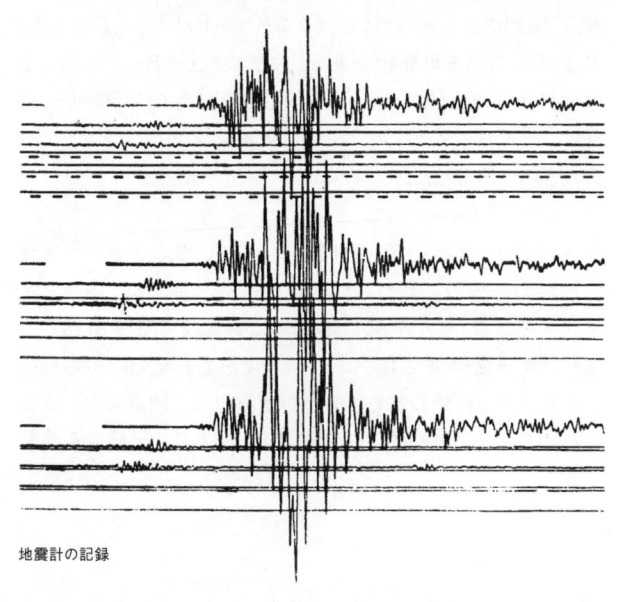

地震計の記録

を震央で放出されたエネルギー量によって表す．リヒター・スケールでは対数が使われているから，マグニチュードが1つ大きくなるごとに，地震計の振幅は10倍になり，地震によって放出されるエネルギーはおよそ30倍になる．たとえば，マグニチュード5の地震は，マグニチュード4の地震より30倍のエネルギーを放出しているということだ．同様に，マグニチュード8の地震は，マグニチュード5の地震のおよそ30^3，つまり2万7000倍もエネルギーが大きいということになる．

リヒター・スケールは0から9までの10段階になっているが，理論的には上限はない．マグニチュードが4.5を超えると，多少被害の出る可能性がある．マグニチュードが7を超える地震は大地震と呼ばれる．たとえば1964年のアラスカ大地震はリヒター・スケールで8.4，1906年のサンフランシスコ大地震は7.8だった．

今日では，地震研究を専門にするなら，地震学という地球物理学の一分野に進むことになる．この分野では，地震を定量化するため，また予測するために，繊細で精密な計器と手法が日々研究・考案されている．なかでも最も早くに発明され，しかもいまだに使われているのが地震計だ．地震などによる大地の揺れを，自動的に検出測定し，図として記録する装置である．

いまに伝わる最古の地震計を描いた図．紀元後2世紀に中国で作られたもので，直径180センチほどの青銅の酒壺でできている．壺のぐるりに8頭の竜がいて，口に青銅の球をくわえている．地震が起きると，1頭の竜の口から球がこぼれて下のカエルの口に落ちる．いったん落ちるとその状態で固定されるため，地震がどちらの方角で起きたかわかる仕組みになっている．

連邦議会議事堂の放物面反射天井

 ハイテクに慣れた現代ではむしろ愉快な気がするが，19世紀に建てられた合衆国連邦議会議事堂には，偶然にも非電子的な盗聴システムが最初から組み込まれている．この議事堂は1792年，ドクター・ウィリアム・ソーントンによって設計されたが，1814年に英国軍の侵攻を受けて焼失したため，1819年に再建された．

合衆国連邦議会議事堂〈彫像の間〉の天井．今日の姿．

ロタンダ（広大なドーム天井の広間）の南に〈彫像の間〉がある．〈彫像の間〉という名がついたのは，1864年に各州に頼んで，その州の著名な市民の像を2体ずつ寄贈してもらったからだ．1857年に現在の翼棟が完成するまで，下院はここで開かれていた．第6代合衆国大統領ジョン・クインシー・アダムズは，下院議員時代に，この部屋で不思議な音響現象を発見した．室内のある地点にいると，部屋の反対側にいる人の話し声がはっきり聞き取れることに気づいたのだ．中間地点にいる人々にはなにも聞こえないし，またその人々の声によって反対側にいる人の声がかき消されることもない．このときのアダムズの席は，放物面反射天井の焦点のひとつに位置していたのだ．そのため，反対側の焦点近くで他の下院議員が話しているのを，簡単に盗み聞きすることができたというわけである．

放物面反射器の原理は以下のとおり．

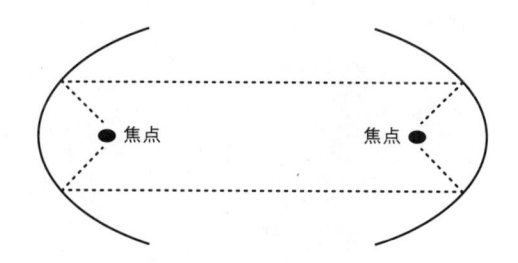

音波は放物面反射器（この場合はドーム形の天井）に当たってはねかえり、平行に進んで反対側の放物面反射器に当たり、そこでまたはねかえってそちら側の焦点に集まる。というわけで、いっぽうの焦点から発した音は、かならずもういっぽうの焦点に届くことになっているのだ。

　カリフォルニア州サンフランシスコの〈エクスプロラトリウム〉には放物面反射器が作ってあり、だれでも実験ができるようになっている。広い部屋の両側に放物面が設置してあって、その焦点がどこにあるか示してあるのだ。2人でそれぞれ焦点に立って話をすれば、遠く離れているのにふつうに会話ができる。どんなにおおぜい人がいようと、部屋がどんなに騒がしかろうと、少しも妨げられずに互いの声が聞こえるのである。

コンピュータと数のかぞえかたと電気

電子計算機と人が話をするときは，コンピュータ言語を用いる．その後，このコンピュータ言語はある基数体系に変換され，それによって電気的インパルスが発生してコンピュータを動かす．紙と鉛筆を使って計算するには10進法はたいへん便利な体系だが，電子計算機にはこれとは別の基数体系が必要だ．記憶装置が10進法で動作するとしたら，10進法を構成する10個の数（0, 1, 2, 3, 4, 5, 6, 7, 8, 9）を表すために10通りの状態をとらなくてはならない．機械的なシステムなら可能だが，電気的なシステムではむずかしい．これに対して，2進法は電子計算機にとって理想的な体系だ．2進法なら使われる数は2つだけ，つまり0と1だけである．これなら電気で容易に表現できる．方法は3つある．

（1）電流のオン・オフを切り換える．
（2）コイルの磁化の方向を変える．
（3）リレーに電圧を加える，または加えない．

この3つの方法のどれでも，0なら一方の状態，1ならもう一方の状態をとるようにすればよい．

コンピュータの数のかぞえかたは人間とはちがう．人間は，1, 2, 3, 4, 5, 6, 7, 8, 9, 10, 11, 12……とかぞえるが，コンピュータは，1, 10, 11, 100, 101, 110, 111……とかぞえる．

これは，コンピュータが電気で動いているからだ．コンピュータは電気的信号を変換して，人間にも理解できる記号をモニターに表示する．電気がコンピュータの複雑な回路を流れるとき，コンピュータはある回路をオンまたはオフにする．電気はオンかオフかどちらかの状態しかとれない．コンピュータが0と1という2つの数字しか使わず，2進法を採用しているのはこのためだ．

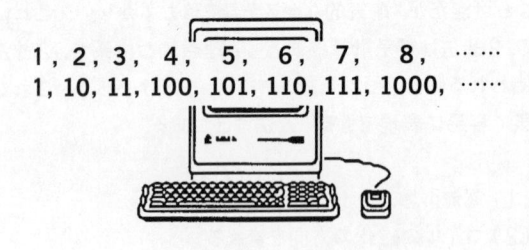

```
1 , 2 , 3 , 4 , 5 , 6 , 7 , 8 , ……
1, 10, 11, 100, 101, 110, 111, 1000, ……
```

10進法と2進法

数を書くとき, 人は0, 1, 2, 3, 4, 5, 6, 7, 8, 9の数字を使う. どんな数値を表すときでもこの10個の数字だけを使うので, これを10進法と言う. その数字がその数値のどの桁に位置しているかによって, その数に10の何乗をかければいいかがわかる. ある数を表現するとき, それぞれの数字が実際にはどれだけの値を表しているかは, その数字がどの桁にあるかで決まる. たとえば,

5374は5+3+7+4という意味ではなく,
5×1000+3×100+7×10+4×1という意味だ.

数値の各桁は, 10の累乗を表す.
千 $= 1000 = 10 \times 10 \times 10 = 10^3$
百 $= 100 = 10 \times 10 = 10^2$
十 $= 10 = 10^1$
一 $= 1 = 10^0$

コンピュータは0と1という2つの数字だけを使って数値を表す. この方法を2進法というのは, この2つの数字だけを使って数値を表現し, また各桁は2の累乗になっているからだ. 1番下の桁は1の位, 次は2の位, その次は2×2で4の位, 次は2×2×2で8の位, というわけである.

2×2×2=8の位	2×2=4の位	2の位	1の位
2^3	2^2	2^1	2^0

だから, 1101という数値は

1×8+1×4+0×2+1×1であり, 10進法で言えば足して13になるわけだ.

トポ——数学的ゲーム

　トポというゲームでは，状況に応じてさまざまな戦略をとらなくてはならない．プレイヤーは何人でもかまわないが，慣れるまでは2人だけで遊ぶほうがいいだろう．ゲームは3つのパートに分かれている．
1　陣地を描く．
2　陣地の一部または全部に数を割り当てる．
3　陣地をとる．

1　プレイヤーは順番に陣地を描いていく．そのさい，先に描かれた陣地に接するように描かなくてはならない．1人のプレイヤーがそれぞれ10個ずつ陣地を描く．図A参照．
2　各プレイヤーがそれぞれ異なる色のペンを持ち，順ぐりに陣地を1つずつ選んで，そのペンで好きな数を書き込んでいく．各人が書き込んだ数字の合計は，それぞれかならず100にならなくてはいけない．ある陣地に最初に100を割り当てたら，そのプレイヤーの陣地は1つしかないということになる．
3　ゲームの目的：いちばん多くの陣地を取ったプレイヤーの勝ち．注意——取った陣地に書いてある数の大小は勝敗には関係ない．

陣地の取りかた：　別のプレイヤーの陣地が自分の陣地に接しているとき，その接している陣地の数の合計が自分の陣地

の数より大きければ，その自分の陣地を"取る"ことができる．

いったん"取った"陣地は，その後のゲームからは除外する．取ったプレイヤーのマークをつけてわかるようにしておくこと．

取れる陣地を順ぐりに取っていき，取れる陣地が1つもなくなったらゲーム終了．

トポには面白いバリエーションがいくつかある．慣れれば慣れるほど，陣地の書きかた，数の割り当てかた，陣地の取りかたにさまざまな戦略があるのがわかってくるだろう．

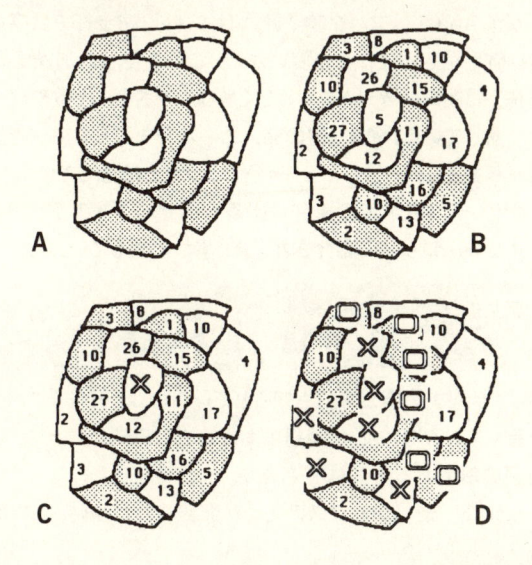

フィボナッチ数列

フィボナッチ[1]は中世の主要な数学者の1人で，算術，代数，幾何学の発展に貢献した．本名はレオナルド・ダ・ピサ（1175〜1250）といい，父はイタリア人の税関吏で，北アフリカのブジア（現ブージー）に駐在していた．その関係で，フィボナッチは東方やアラビアのさまざまな都市を訪れ，位取り法とゼロの記号を持つインド・アラビア式記数法を身につけた．このころ，イタリアではまだローマ数字が計算に使われていたのだ．フィボナッチはインド・アラビア数字の有用性と美しさを理解し，その普及を強力に後押しした．1202年に著した Liber Abaci（『アバクスの書』）はインド・アラビア数字のくわしい手引き書で，その使いかた，これを使った加減乗除の方法，問題の解きかたをくわしく解説し，さらに代数や幾何学まで論じている．イタリアの商人たちは昔ながらの方法を変えたがらなかったが，しょっちゅうアラブ人と接触していたし，フィボナッチら数学者の著作は出るしで，インド・アラビアの数体系はヨーロッパに紹介され，少しずつ浸透していった．

フィボナッチ数列—
1, 1, 2, 3, 5, 8, 13, 21, 34, 55, ……

フィボナッチの名が今日も知られているのは，著作『アバクスの書』で彼が紹介した問題のおかげだ．皮肉なことに，この問題の解である数列は有名だが，その問題じたいはもう忘れ去られている．『アバクスの書』が発表された当時，この問

題はたんなる頭の体操としか思われていなかった．ところが19世紀になって，フランスの数学者エドワール・リュカが数学ゲームの4巻本を編集したとき，この問題の解である数列を「フィボナッチ数列」と名づけて紹介したのだ．その『アバクスの書』に出てくる問題をここで紹介しよう．

(1) 生後1か月のウサギ2羽（オスとメス）がいる．生後1か月ではまだ幼すぎるが，2か月になればじゅうぶん成長して子を産めるようになるものとする．また，その後は毎月2羽ずつ（オスとメス）子を産むものとする．
(2) 生まれた2羽の子ウサギも同様にして子を産んでいくとしたら，各月の初めには何組のつがいがいることになるか．

● ＝ 成長して子の作れるつがい．
○ ＝ 幼くてまだ子の作れないつがい．

つがいの数
$1 = F_1 =$ フィボナッチ数列の1番目の数
$1 = F_2 =$ フィボナッチ数列の2番目の数
$2 = F_3 =$ フィボナッチ数列の3番目の数
$3 = F_4 =$ フィボナッチ数列の4番目の数
$5 = F_5 =$ フィボナッチ数列の5番目の数

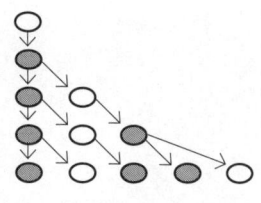

---

[1] フィボナッチとは，文字どおりに解釈すれば「ボナッチの息子」という意味．

フィボナッチ数列の各項は先行する2項の和であり，以下の式で表すことができる．

$$F_n = F_{n-1} + F_{n-2}$$

フィボナッチ自身はこの数列を研究したわけではなく，その真の重要性が見いだされたのは19世紀になってからだ．この数列には面白い性質があり，しかもさまざまな分野に顔を出すことに数学者が気づいたためである．

フィボナッチ数列は，以下のような分野に見られる．

1. パスカルの三角形，二項式，確率
2. 黄金比，黄金方形
3. 自然界，植物
4. 不思議な数学的トリック
5. 恒等式

ピタゴラスの定理のバリエーション

紀元前300年ごろのギリシアの数学者, アレクサンドリアのパッポスは, ピタゴラスの定理の面白いバリエーションを考え, その証明をおこなった. 直角三角形の3辺に正方形を描く代わりに, 3辺それぞれに任意の平行四辺形を描いたのだ.

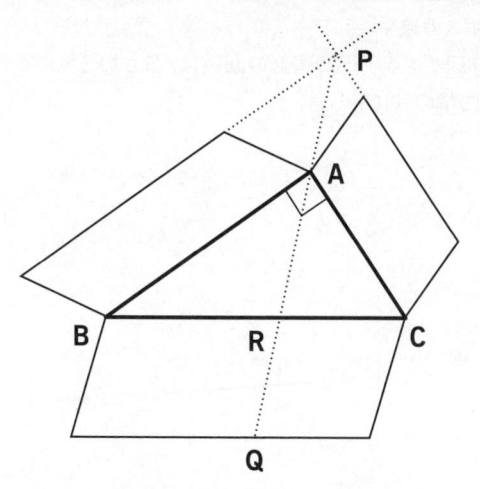

任意の直角三角形に対して, 以下の処理をおこなう.

(1) 斜辺以外の2辺について, それぞれを1辺とする任意の平行四辺形を描く.
(2) その平行四辺形の1辺を図のように延長して, 交点 P を得る.

(3) 半直線PAを引き,PAが線分BCと交わる点をRとする.ここで|RQ|＝|PA|となる点Qを求める.
(4) 斜辺 $\overline{BC}$ を1辺とする平行四辺形を描く.このとき,平行四辺形の2辺が $\overline{RQ}$ と平行で,かつ長さが同じであるようにする.

 パッポスの結論——
斜辺を1辺とする平行四辺形の面積は,ほかの2つの平行四辺形の面積の和に等しい.

3つの輪——位相幾何学的モデル

1つの輪を取り去ったらどうなるだろうか.

どの2つの輪も互いにつながっているだろうか.

3つの輪はすべてつながっているだろうか.

解剖学と黄金分割

　レオナルド・ダ・ヴィンチは，人体各部の比率を詳細に研究した．下の図は，各部の比率を細かく調べて，どこにどのように黄金分割を当てはめることができるか示したものだ[1]．この図は，1509年に数学者ルカ・パチョーリが著した『神聖比例論』の挿画として描かれた図の1枚である．

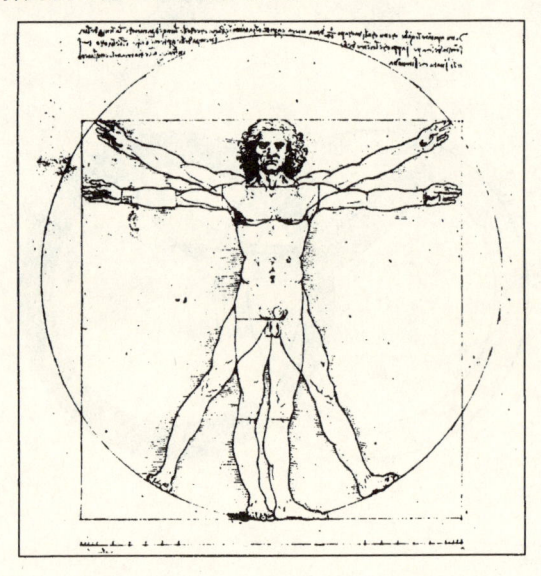

---

[1] golden section（黄金分割）はまた，golden mean とか golden ratio とか golden proportion（黄金比）とも言う．これは，ある線分を以下のように分割したときの相乗平均である．線分 AC を2つに分ける点Bを，（|AC|／|AB|）＝（|AB|／|BC|）となるように置く．黄金比の値は（1＋$\sqrt{5}$）／2 と書くことができ，おおよそ1.6となる．

黄金分割はまた,ダ・ヴィンチの未完成の作品『聖ヒエロニムス』(1483年ごろ)にも見える.画像に重ねた方形からわかるように,聖ヒエロニムスの姿は黄金方形にぴったり収まっているのだ.これはたんなる偶然ではなく,ダ・ヴィンチが意図的に黄金分割をあてはめたのだと考えられている.ダ・ヴィンチは数学に並々ならぬ関心を持ち,作品やアイデアによく数学を応用しているからだ.たとえば,彼はこんな言葉を残している——「……数学的な説明や証明を通じてなされたものでなかったら,どんな探求も科学と呼ぶことはできない」

レオナルド・ダ・ヴィンチ作『聖ヒエロニムス』 1483年ごろ

カテナリー（懸垂線）と放物線

　チェーンの両端を固定して吊り下げたとき，そのチェーンが垂れ下がって描く曲線をカテナリー[1]と呼ぶ．この曲線は放物線にそっくりなので，あのガリレオでさえ最初は放物線と考えていたほどだ．

　このカテナリーに等間隔で重りを取り付けると，チェーンは放物線を描くようになる．たとえば，サンフランシスコのゴールデン・ゲート・ブリッジのような吊り橋のケーブルがそうだ．この場合，懸垂されたケーブルに垂直の支えを取り付けることで，ケーブルに放物線を描かせている．

　サンフランシスコの〈エクスプロラトリウム〉には，このカテナリーを説明するための実地体験型の展示がある．

---

[1] カテナリーを表す式は $y = a \cosh(x/a)$ である．

T字パズル

昔からあるパズルだが,なかなか解けなくていらいらさせられる.以下の4つのピースを組み合わせて,Tの字を作ってみよう.がんばって!

T字パズルの解答は付録を参照.

タレスと大ピラミッド

タレス（前640〜546）は古代ギリシアの七賢人のひとりとして知られる．演繹的推理法の父とも呼ばれ，ギリシアで初めて幾何学を研究した人である．数学者であり，教師であり，哲学者であり，天文学者であり，抜け目のない実業家であり，また論理的な証明法によって自説を証明した初の幾何学者でもあった．前585年の日蝕を正しく予言したほか，影と相似の三角形を用いて大ピラミッドの高さを計算し，エジプト人を仰天させたこともある．

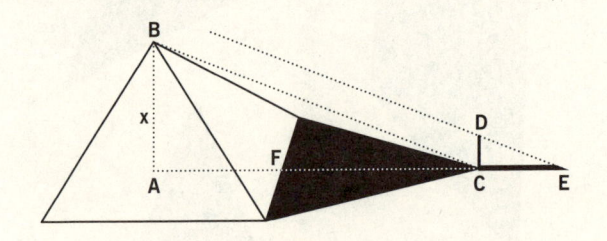

方法：

いま，上図のようにピラミッドの影ができているものとする．このとき，長さ |DC| の棒を，影の頂点Cに垂直に立てる．棒の影の長さ |CE| を測る．|AF| はピラミッドの1辺の長さの2分の1である．ここでピラミッドの高さxは，相似の三角形 △ABCおよび△CDEを用いて簡単に計算できる．

(x／|CD|) ＝ (|AC|／|CE|) なので，

x ＝ (|CD|・|AC|)／|CE| となる．

無限ホテル

無限ホテルのフロント係になるには,無限についての実際的な知識が必要だ.ポールはその職に応募し,面接され,翌日の夜から働きはじめた.ポールは首をひねった.フロント係になるのに,なぜ無限,無限集合,超限数のことを知っていなくてはならないのだろう.このホテルには無限の数の部屋があるのだから,客に部屋を割り当てるのにはなんの問題もないはずではないか.しかし,仕事を始めたとたん,無限について知っていてよかったと彼は思った.

昼間勤務のフロント係と交代するとき,いま無限の数の部屋が埋まっていると彼女はポールに言った.彼女が帰ったあと,新しい予約客がやって来た.どの部屋を割り当てるか決めなくてはならない.ポールはちょっと考えて,すべての客をそれぞれ1ずつ大きい番号の部屋に移すことにした.そうすれば,1号室が空室になるわけだ.われながらいい考えだったとポールは思ったが,そのとき新しい客で満員の無限バスが到着した.さあ,この客たちにポールはどうやって部屋を割り当てたらいいのだろう.

この無限ホテルの問題を最初に考案したのは,
ドイツの数学者ダヴィット・ヒルベルト(1862〜1943)である.

ポールの解答は付録参照.

結晶——自然の生んだ多面体

多面体のことは古代の数学の文献にも書かれているが, その起源ははるかに古く, この世の森羅万象の起源にすら結びついている. 結晶は成長して多面体を作る. たとえば, 塩素酸ナトリウムの結晶は立方体や正4面体をとり, クロムみょうばんの結晶は正8面体をなす. 同様におもしろいのは, 微小な海の生物である放散虫の骨格に, 10面体と20面体の結晶が現れることだ.

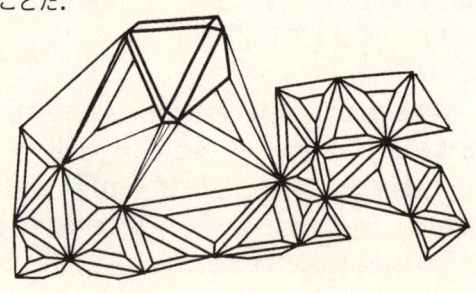

多面体とは, それを形作る各面が多角形であるような立体のことだ. その各面がすべて正多角形で, 頂点がすべて同じ形であるとき, その立体を正多面体と呼ぶ. したがって, 正多面体を構成する面はすべて合同であり, 辺の長さ

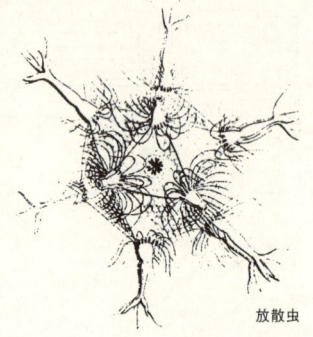

放散虫

はすべて等しく, 頂点もすべて等しい. 多面体の種類は無限だが, 正多面体は5種類しかない. 紀元前400年ごろプラトンによって独自に発見されたため, この5つを「プラトンの立体」[1]と言う. もっとも, その存在は以前から知られていた. ピタゴラスも知っていたし, エジプト人は建築物などのデザインにこれらを利用している.

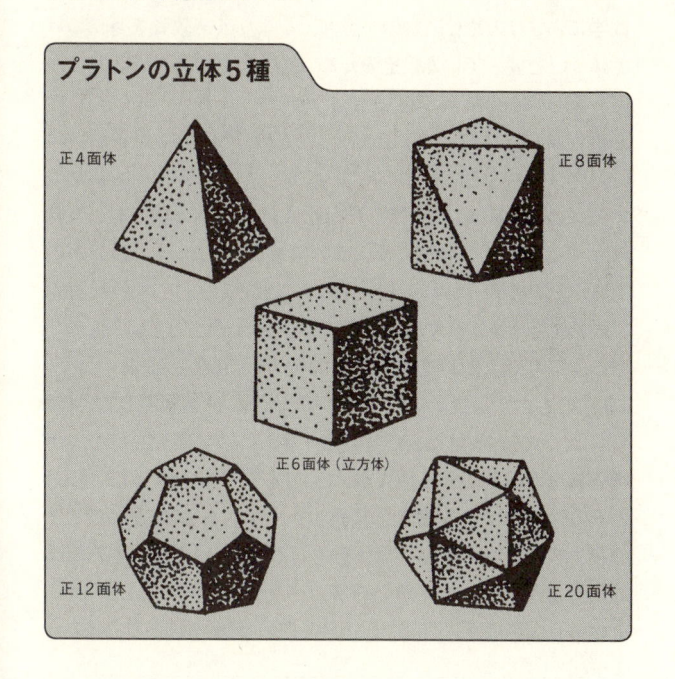

プラトンの立体5種

正4面体

正8面体

正6面体 (立方体)

正12面体

正20面体

---

[1]「プラトンの立体」の節 (148ページ) 参照.

パスカルの三角形，フィボナッチ数列，二項式

　ブレーズ・パスカル（1623～1662）は有名なフランスの数学者だが，宗教的信念や健康上の問題がなかったら，そして数学的なテーマをもっと進んで研究していたら，偉大な数学者にもなれたかもしれない．パスカルの父は，息子が自分と同様数学にあまりのめり込むのを恐れ[1]，より広い教養を身につけてほしいと望んでいた．そのため，数学の勉強をするよりほかの分野に興味関心を向けさせようとした．しかし，早くも12歳で幾何学にすばらしい才能を示したため，その後は息子が数学に熱中するのを励ますようになっていった．パスカルは非常に才能豊かで，16歳で発表した円錐曲線に関する論文は，当時の数学者たちを驚嘆させた．彼の業績としては，「パスカルの定理」として知られる定理——簡単に言うと，「六角形が円錐に内接するとき，その六角形の向かい合う辺と辺を延長してできる3つの交点は1直線上にある」という定理——があるほか，18歳のときには世界初とも言われる計算機を発明している．しかし，パスカルはこのころ健康を害し，数学研究をやめると神に誓った．だが3年後には，いわゆる「パスカルの三角形」とその性質について論文を発表している．1654年11月23日の夜，パスカルは神秘的な体験をして，これからは一生を神学に捧げよう，数学や科学の研究はやめようと決めてしまった．その後は，ごく短い期間（1658～59）を例外として，パスカ

---

[1] パスカルの父エティエンヌ・パスカルもたいへんな数学好きだった．
「パスカルのリマソン（蝸牛線）」にその名を残したのは，息子でなく父のほうである．

ルは二度と数学の研究に手をつけることはなかった.

数学は,表面上は無関係に見える概念を結びつける方法ともなる.パスカルの三角形はそのよい例で,フィボナッチ数列とニュートンの二項式がこれによって結びついている.パスカルの三角形,フィボナッチ数列,二項式の3つは,すべて相互に関係しあっているのだ.その関係を示したのが下の図である.パスカルの三角形の斜めの線上の数を足していくと,フィボナッチ数列が完成する.また,パスカルの三角形の各列は,二項式 (a + b) の指数を1つずつ大きくしていったときの係数になっている.たとえば,

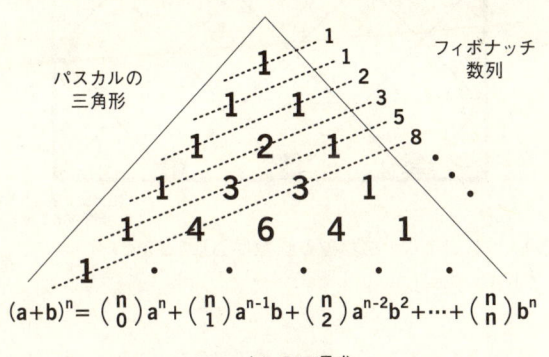

$(a+b)^0 = 1$　　　　　　　　　　　　1

$(a+b)^1 = 1a + 1b$　　　　　　　　1　1

$(a+b)^2 = 1a^2 + 2ab + 1b^2$　　　1　2　1

$(a+b)^3 = 1a^3 + 3a^2b + 3ab^2 + 1b^3$　　1　3　3　1

パスカルの三角形

フィボナッチ数列

$$(a+b)^n = \binom{n}{0}a^n + \binom{n}{1}a^{n-1}b + \binom{n}{2}a^{n-2}b^2 + \cdots + \binom{n}{n}b^n$$

ニュートンの二項式

ビリヤード台の数学

　数学の知識がビリヤードに役立つと聞いても、にわかには信じられないかもしれない。長方形のビリヤード台があって、その縦横の比率が整数比（たとえば7:5）だとする。球を1つの隅から45度の角度で打ち出すと、何度か跳ね返ってから4つの隅の1つに達するが、このときの跳ね返る回数は、じつはビリヤード台の形状によって決まっている。その回数は以下の式で求めることができる。

　台の長さ＋幅－2

打ち出した点

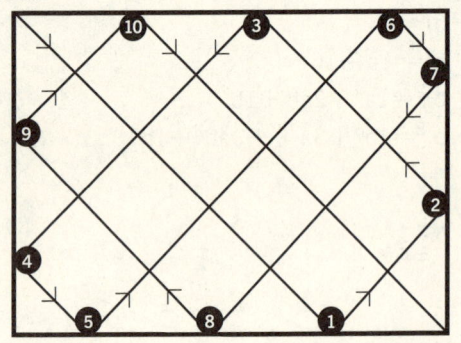

10回跳ね返ったあとで到達するポケット

上のような台では、跳ね返る回数は10回となる。

　7＋5－2＝10

球の経路を求めるさいに、直角二等辺三角形ができることに注意

電子の運動の幾何学

物理世界のさまざまな面に、さまざまな幾何学図形が現れる．しかし，その多くは肉眼では見ることができない．ここに示す電子の軌道には，明らかに五角形が見てとれる．

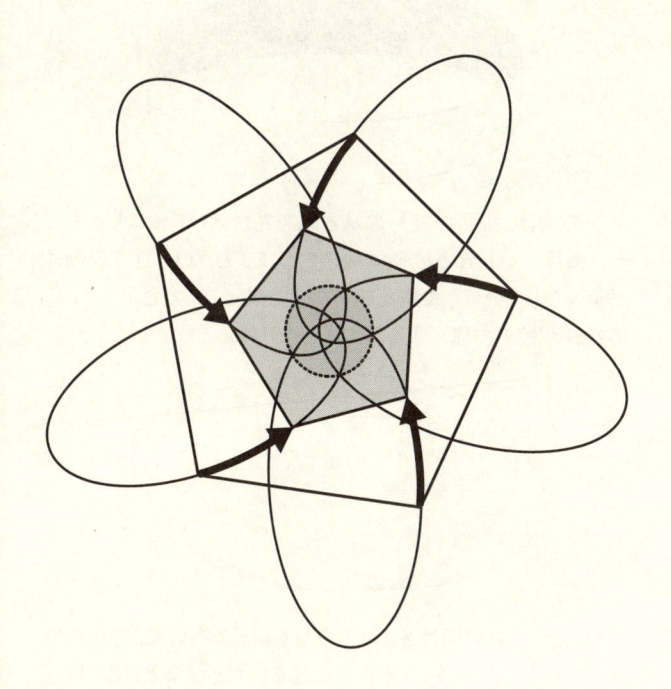

メビウスの輪とクラインの壺

位相幾何学では，ときどき面白い図形が生み出される．ドイツの数学者アウグストゥス・メビウス（1790〜1868）が生み出したメビウスの輪もその1つだ．

上の図は，細長い紙片の端と端を糊付けして輪にしたものだ．紙片のいっぽうの側は輪の内側を，もういっぽうの側は外側をなしている．蜘蛛が輪の外側を這っているとすると，この蜘蛛が輪の内側に入るには縁を乗り越えるしかない．

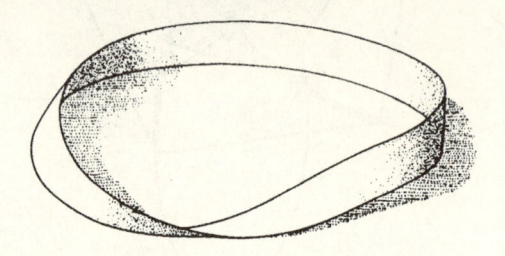

いっぽう，この図はメビウスの輪を描いたものだ．さっきの紙片をいったんねじってから端と端を糊付けすると，こういう輪ができあがる．この紙の輪にはもう表裏の区別がない．つ

まり1つの面しかないのだ．蜘蛛がこのメビウスの輪の表面を歩いていくと，縁を乗り越えなくても輪の全面を歩きまわることができる．これを確かめるには，ペンで線を描いてみるとよい．一度も輪の表面からペンを離すことなく，全面に線を描いて出発点まで戻ってこられるはずだ．

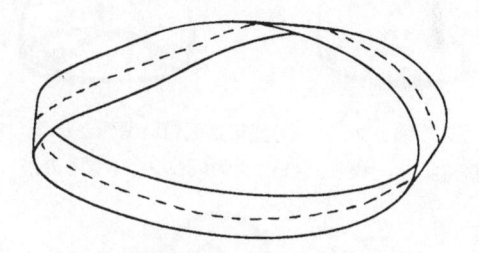

メビウスの輪にはもうひとつ面白い性質がある．紙片の中心線に沿ってハサミで切ってみよう．

メビウスの輪は産業界ではとくに注目されていて，自動車のファンベルトなどの機械的装置のベルトに使われている．通常のベルトより磨耗が均一に進むからだ．

メビウスの輪に負けず劣らず面白いのがクラインの壺だ．ドイツの数学者フェリックス・クライン（1849～1925）は，ただ1つの面しか持たない特殊な壺の位相幾何学的モデルを生み出した．クラインの壺には外側はあるが内側はない．自分で自分を貫通している．このなかに水を入れたら，水はその同じ穴からそのまま出てきてしまうだろう．

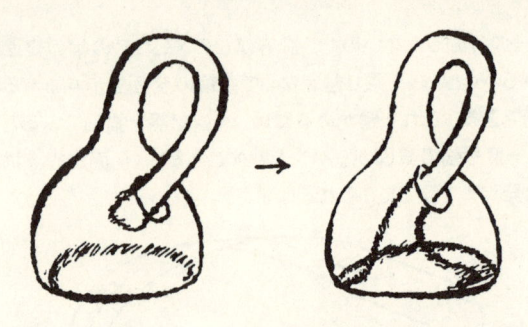

メビウスの輪とクラインの壺には面白い関係がある．クラインの壺を縦に割ったら，メビウスの輪が2つできるのだ！

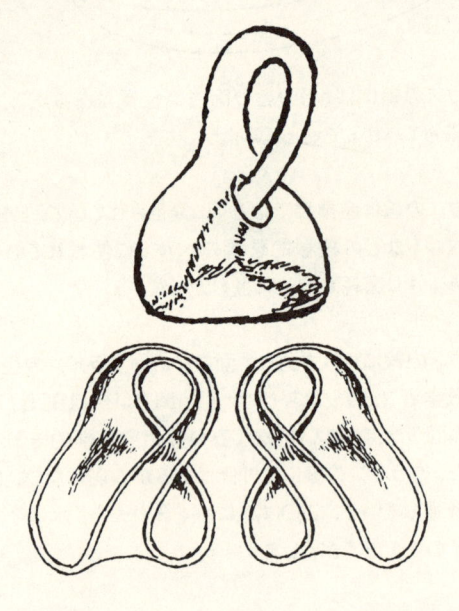

サム・ロイドのパズル

これは，有名なパズル製作者のサム・ロイドが作ったパズルだ．パズルのゴールは，このダイヤモンドのなかから抜け出すこと．スタート地点は中央の，3という数字が書いてあるマス．この数字が示しているのは，左右上下斜めいずれかの方向に3マスだけ進めるということだ．進んだ先のマスにもやはり数が書いてあるから，今度はその数だけ，さっきと同じように8つの方向のいずれかに進む．

がんばって！

サム・ロイドのパズルの解答は付録参照．

数学と折り紙

紙を折り畳んでどこかにしまう,というのは日常だれでもやっていることだ.しかし,最初から数学の勉強をしようと思って紙を折る人はあまりいないだろう.やりようによっては,紙を折り畳むのは面白いし,また勉強にもなる.あのルイス・キャロルも夢中で紙を折っていたそうだ.紙を折り畳むのは文化の違いを超えて広くおこなわれているが,これを芸術の域にまで高め,広く一般に普及させたといえば,やはり真っ先に名のあがるのは日本の"折り紙"だ.

折り紙の数学的な側面

紙を折っていると,多くの幾何学的概念が自然に登場してくる.たとえば正方形,長方形,直角三角形,合同,対角線,中点,内接,面積,台形,垂直2等分線,ピタゴラスの定理などだ.

こういう概念が折り紙でどんなふうに使われているか,少し例をあげてみよう.

i)長方形の紙から正方形の紙を作る.

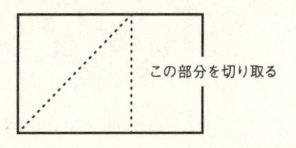

この部分を切り取る

ii) 正方形の紙で, 合同な直角三角形を4つ作る.

iii) 正方形の1辺の中点を見つける.

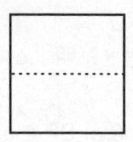

iv) 正方形の紙に内接する正方形を作る.

または

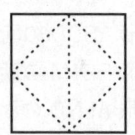

v) この紙の折り目をよく見れば, 内接する正方形の面積は大きな正方形の面積の2分の1になることがわかる.

vi) 折り目が中心を通るようにして正方形を2つに折ると, 合同な台形が2つできる.

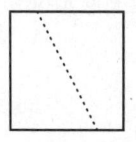

vii) 正方形をちょうど半分に折れば, 折り目は正方形の1辺に対する垂直2等分線になる.

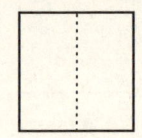

viii) ピタゴラスの定理を証明するには, 正方形の紙を下図のように折ればよい.

三角形 ABF の辺 AB を c, BF を a, FA を b とすると,

c^2＝正方形 ABCD の面積
a^2＝正方形 FBIM の面積
b^2＝正方形 AFNO の面積

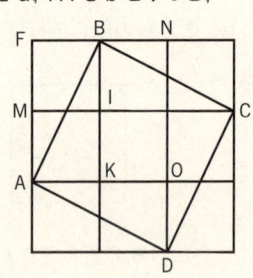

合同な図形と図形を組み合わせると,
正方形 FBIM の面積＝三角形 ABK の面積
かつ
AFNO の面積＝ BCDAK の面積
(正方形 ABCD から三角形 ABK
を除いた残りの面積)

したがって, $a^2 + b^2 = c^2$

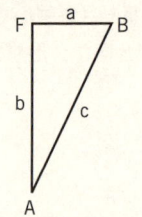

ix) 三角形の内角の和は180°になるという定理を証明するには,任意の三角形の紙を図のように点線で折り曲げればよい.

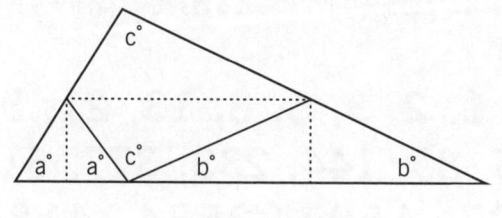

$a° + c° + b° = 180°$ ——直線をなすから.

x) 接線を折っていくと放物線ができる.

方法:放物線の焦点を,紙の1辺から数センチのところに置く.図のようにして20回から30回折っていくと,この折り目はいずれも放物線の接線をなし,全体で放物線の輪郭が現れてくる.

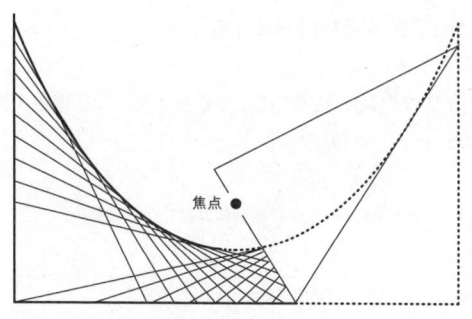

焦点●

フィボナッチのトリック

フィボナッチ数列[1]の各項は，直前の2項を足すことで求められる．このようにして作られる数列を，フィボナッチ型数列と呼ぶ．

1, 1, 2, 3, 5, 8, 13, 21, 34, 55, 89, 144, 233, 377, 610, 987, 1597, 2584, 4181, 6765, 10946, 17711, 28657, 46368, 75025, 121393, 196418, 317811, 514229,...

好きな数を2つ選んで，その2つの数で始まるフィボナッチ型数列を作ってみよう．その数列の最初の10個の数の合計は，かならず第7項の11倍になる．

どんな2つの数で始めても，かならずそうなる理由を証明できますか？

☞ **フィボナッチのトリックの証明については付録参照．**

---

[1] くわしくは「フィボナッチ数列」の節（50ページ）を参照．

数学記号の進歩

　粘土板をうがって楔形文字を書いていたバビロニアの書記は、空白によってゼロを表していた。古くはそんな時代から、数学者はさまざまな概念や操作を表す記号を発明してきた。よりわかりやすく、そして言うまでもなく、時間や労力や空間を節約できる記号を求めて。

　15世紀、プラスとマイナスを意味する最初期の記号が登場した。プラスをp、マイナスをmで表していたのだ。またドイツの商人たちは、＋と－の記号を重量の過不足を示すために使っていた。この記号はやがて数学者にも採用され、1481年以後の写本にはこの＋と－の記号が登場するようになる。掛け算を意味する"×"を生み出したのはウィリアム・オートレッド（1574～1660）とされるが、xとまぎらわしいというので反対する数学者もいた。

　同じ概念を表すにも、数学者の数だけ記号があるという場合も多かった。たとえば16世紀のフランソワ・ヴィエートは、"等しい"を示すために最初は aequalis という単語【ラテン語で「等しい」の意】を使っていたが、のちには "～" という記号を使うようになった。デカルトは "∝" を好んだが、最後に残ったのはロバート・レコード（1557）の考案した "＝" だった。2本の平行線ほどよく似ていて、"等しさ"を表すのにふさわしい記号はない、と彼は考えたのだ。

文字を使って未知数を表すというのは，古代ギリシアの数学者エウクレイデス（ユークリッド）やアリストテレスにその例が見えるが，これは一般的な用法ではなかった．16世紀には，radix（ラテン語で"根"の意），res（ラテン語で"物"），cosa（イタリア語で"物"），coss（ドイツ語で"物"）といった単語が未知数を表すのに使われている．1584年から89年，法律家のフランソワ・ヴィエートはブルターニュ議会議員の任期と任期のはざまだったため，このあいだに多くの数学者の著作を広く研究した．そしてそれを通じて，既知の正の数と未知の正の数を文字で表すというアイデアを得た．デカルトはこれを修正して，既知の数についてはアルファベットの先頭から，未知の数については末尾から文字をとって表してはどうかと提唱した．そしてついに1657年，ヨハン・フッデによって，正の数と負の数の両方が文字を使って表されるようになった．

　"∞"は，古代ローマでは1000を表す記号だったが，のちには非常に大きな数という意味で使われるようになった．この"∞"の記号を初めて無限大の意味で使ったのは，オックスフォード大学教授のジョン・ウォーリスである．1655年のことだった．しかし広く使われるようになったのは，1713年にベルヌーイが使ってからだ．

　時代とともに進歩してきたその他の記号としては，1544年に使われた括弧，1593年の平方根の大括弧と中括弧，そして平方根の根号がある．根号を考案したのはデカルトである

℞	この記号を初めて使ったのは、イタリアの数学者フィボナッチである。1220年のことだ。意味は$\sqrt{\ }$で、おそらく"根"を意味するラテン語の radix からとったのだろう。今日使われている$\sqrt{\ }$記号は、16世紀のドイツで生まれたものだ。
√	1525年、ドイツの数学者クリストフ・ルドルフが立方根の記号として用いたもの。$\sqrt[3]{\ }$が生まれたのは17世紀のフランスである。
⌒	17世紀のドイツの数学者ライプニッツは、これを乗算の記号に選んだ。
⊃	Dを裏返したようなこの記号は、割り算を示す記号として、1700年代にフランス人J・E・ガリマールによって使われた。
⊖	1859年、ハーヴァード大学教授ベンジャミン・パースは、この記号をパイを表すのに使った。πが初めて使われたのは18世紀のイギリス。
φ	この記号は、ルネッサンス期の数学者タルターリアが、加算の意味で用いたもの。イタリア語の piu (より多く) による。
ψ	古代ギリシアの数学者ディオファントスは、減算の記号としてこれを用いた。

（3乗根（cube）を示すのに √c を使っている）.

　＋記号やゼロを表す記号などは，今日では当然のように使われている．これらを使わずに数学の問題を解けと言われたら，どうしていいやら想像もつかないだろう．忘れてしまいがちだが，しかしこれらの記号が生まれ，広く受け入れられるまでにはじつは何世紀もかかっているのである．

数学の記号および表記，過去と現在の比較表		
	過去	現在
	℞	$\sqrt{}$
	p	＋
	m	－
	v [1]	根号の下に置く
カルダノ（1501～76）	℞.v7.p:℞.14	$\sqrt{7}+\sqrt{14}$
シュケ（1484）	$12^3+12^0+7^{1m}$	$12x^3+12+7x^{-1}$
ボンベリ	$\underset{\smile}{3}$	x^3
ステヴィン（1585）	$1⓪+3①+6②+③$	$1+3x+6x^2+x^3$
	$\overline{(1/2)}$	$\sqrt{}$
	$\overline{(1/3)}$	$\sqrt[3]{}$
デカルト	$1+3x+6xx+x^3$	$1+3x+6x^2+x^3$

[1]【根号のかかる範囲を示す．下のカルダノの例で v7 とあるのは直前の根号が 7 だけにかかっているという意味．】

レオナルド・ダ・ヴィンチの幾何学的設計

　レオナルド・ダ・ヴィンチによるこのスケッチを見ると, 教会の設計に正多角形を利用していることがわかる. ダ・ヴィンチは幾何学的構造に関心を持って研究していたし, 対称性についてもよく知っていた. そのおかげで, 本堂のデザインや対称性を損なうことなく, 礼拝堂を増築するための設計図を引くことができたのだ.

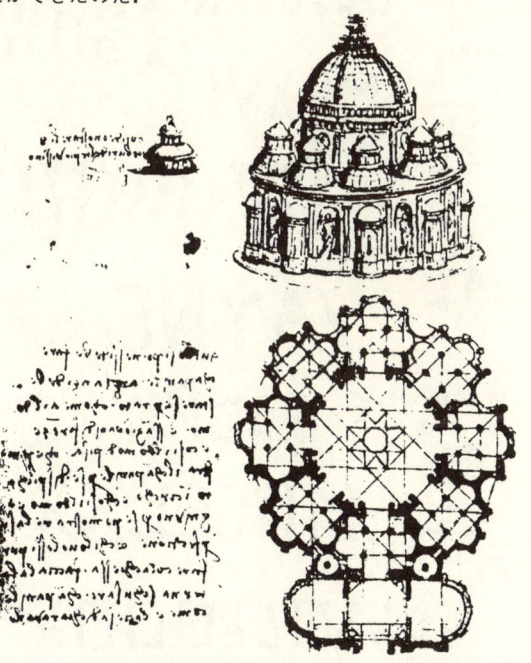

歴史的事件のあった10の年

以下では，10の歴史的事件が起こった年をさまざまな記数法で表してある．それぞれを10進法に基づく現代の記数法で書き直し，なにがあった年か当ててみよう．

さまざまな記数法の表．前ページの数字を解読する参考になる，かもしれない．

現　　代	1	2	3	4	5	6	7	8	9	10	11	12	13	14	15	16
バビロニア (前1500年)	▼	▼▼	▼▼▼	▼▼▼▼	▼▼▼▼▼	▼▼▼▼▼▼	▼▼▼▼▼▼▼	▼▼▼▼▼▼▼▼	▼▼▼▼▼▼▼▼▼	◀	◀▼	◀▼▼	◀▼▼▼	?	?	?
中　　国 (前500年)	一	二	三	四	五	六	七	八	九	十	十一	十二	十三	?	?	?
ギリシア (前400年)	A	B	Γ	Δ	E	F	Z	H	Θ	I	IA	IB	IΓ	?	?	?
エジプト (前300年)	I	II	III	IIII	IIIII	IIIIII	IIIIIII	IIIIIIII	IIIIIIIII	∩	∩I	∩II	∩III	?	?	?
ロ ー マ (前200年)	I	II	III	IV	V	VI	VII	VIII	IX	X	XI	XII	XIII	?	?	?
マ　　ヤ (後300年)	•	••	•••	••••	—	‧—	‧‧—	‧‧‧—	‧‧‧‧—	=	‧=	‧‧=	‧‧‧=	?	?	?
イ ン ド (11世紀)	ｑ	ｚ	ｚ	ｙ	ｙ	ɛ	ʋ	ɛ	ɛ	ｑo	ｑｑ	ｑｚ	ｑｚ	?	?	?
2 進 法 (コンピュータ)	1	10	11	100	101	110	111	1000	1001	1010	1011	1100	1101	?	?	?

答えは付録参照．

ナポレオンの定理

「数学の発達と完成は,国家の繁栄と密接に結びついている」
——ナポレオン1世

ナポレオン・ボナパルト(1769〜1821)は数学と数学者を特別に重んじていて,自分でも数学を愛好していた.それどころか,以下の定理はナポレオンが発見したとされている.

任意の三角形について,その各辺を1辺とする正三角形を描き,その3つの正三角形のそれぞれに外接円を描いたとき,この3つの円の中心を結んでできる三角形は正三角形になる.

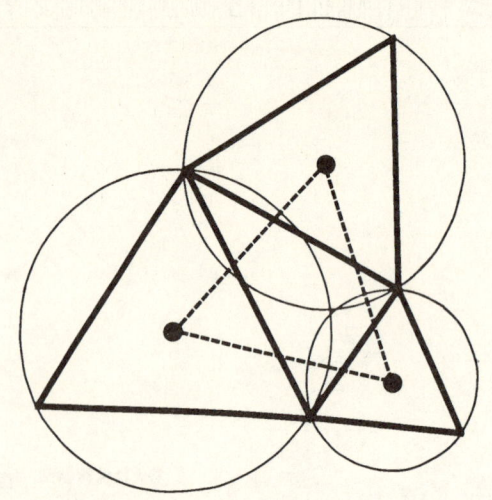

数学者としてのルイス・キャロル

チャールズ・ラトウィッジ・ドジスン（1832〜1898）はイギリスの数学者にして論理学者だが，ペンネームのルイス・キャロルのほうがずっと通りがいい．『不思議の国のアリス』と『鏡の国のアリス』の作者と言えば知らない人はいないだろう．だがそれだけではなく，彼は数学のさまざまな分野を扱った文章も数多く発表している．たとえば，著書 *Pillow Problems*（眠れぬ夜の数学）には72の問題——ほとんどは眠れない夜にベッドのなかで思いつき，解法まで編み出した問題だという——が取りあげてあるが，そこでは算術，代数，幾何学，三角法，解析幾何学，微積分，超確率が扱われている．

「はたまた逆に」とトウィードルディーが続けた．「もしそうだったらそうかもしれない．そうだったとしたらそうだろう．でもそうではないからそうではない．それが理屈だ」

——ルイス・キャロル

A Tangled Tale（邦題『もつれっ話』）は，もともと月刊誌に連載された記事をのちにまとめたもので，10章構成で数学パズルを紹介する楽しいお話になっている．伝えによると，ヴィクトリア女王がキャロルの『アリス』に夢中になり，彼の著作をすべて取り寄せさせたことがあるそうだ．数学の本がどっさり届いたとき，女王はどれだけびっくりしたことだろう．

Pillow Problems から，第8問

「人々が輪を作って座っている．つまり，だれもが両隣に1人ずつ人がいる状態である．そしてまた，全員がシリング硬貨を何枚か持っている．1番めの人は2番めの人より1シリング多く持ち，2番めは3番めより1シリング多く持っているとする（以下同様）．このとき，1番めの人が2番めに1シリング渡し，2番めの人は3番めに2シリング渡し，3番めの人は……というように，全員が順繰りに，もらった額より1シリング多く次の人に渡していき，これを可能なかぎり続けたとする．いよいよ続けられなくなった時点で，ある人の持っている金額が隣の人の4倍になっていたとすると，人は全部で何人いるか．また，もともとの所持金の額が最も少なかった人は，開始時にはいくら持っていたか」

☞ 解答は付録参照．

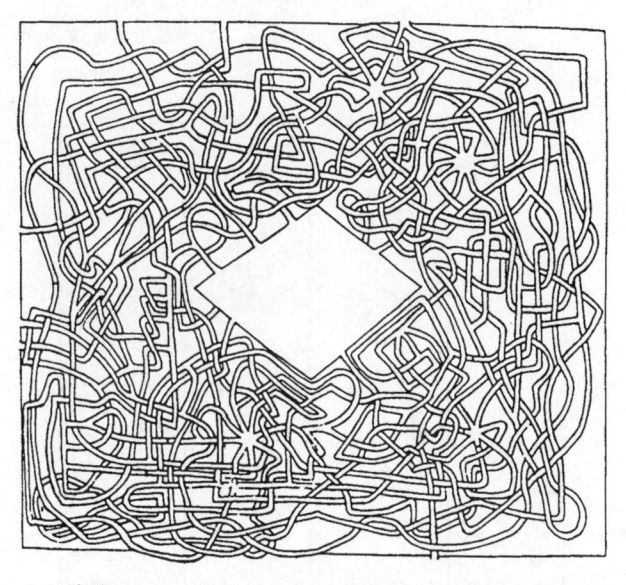

この迷路はルイス・キャロルが20代のころに描いたもの．通路と通路は上下に重なりあうように描かれている．中央から出発して外へ出ることが目的．

手で数える

中世には紙も筆記具も貴重品だったので、計算したり、その結果を伝えたりするのによく手が使われていた。以下の図からわかるように、小さな数でも大きな数でも表現できる体系があったのだ。

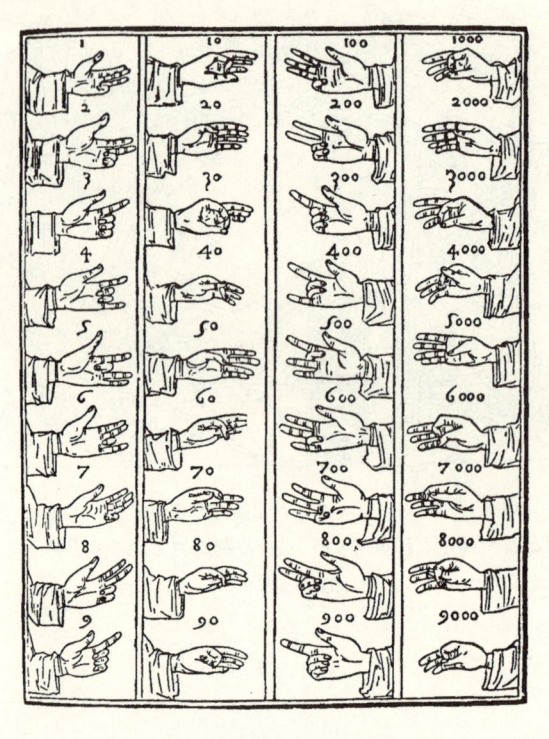

メビウスの輪をひとひねり

以下の図にはメビウスの輪が使われている．この位相モデルを紙で作り，中央の破線に沿ってハサミで切ったら，一方は1つの四角になり，もう一方は2つに分かれてしまう．

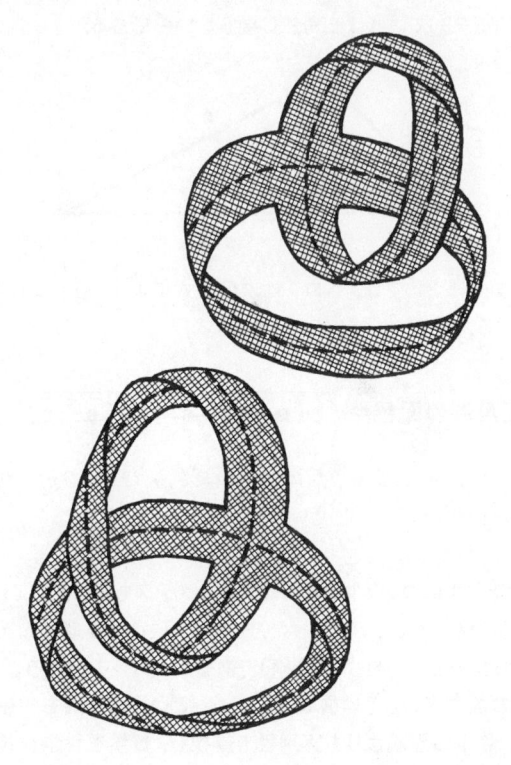

ヘロンの定理

幾何では,底辺と高さを使って三角形の面積を計算する方法を教えるが,三角形の3辺の長さしかわからないときは,面積を求めるには三角法の知識が必要になる.しかし,ヘロンの定理を知っていれば三角法は要らないのである.

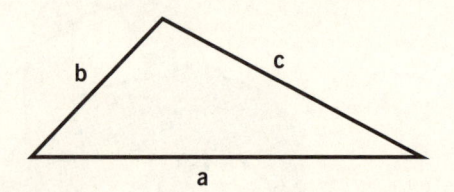

数学史においては,ヘロンは次の公式によって最もよく知られている.

三角形の面積 $=\sqrt{s(s-a)(s-b)(s-c)}$

ここで a, b, c は三角形の各辺の長さ, s はその3辺の和の2分の1である.

この公式については,古くはアルキメデスも知っていて,おそらくは証明もしていたようだ.しかし,現存する最古の記録はヘロンの *Metrica*(測量術)である.ヘロンを評するなら,古代の数学者としては異端児だった,というのが最も的確だろう.数学の理論よりも実用性を重視し,数学を科学や技術

として扱っていたからだ．その結果，ヘロンは古代の発明者としてもその名を残すことになった．初歩的な蒸気機関，数々のおもちゃ，消防ポンプ，神殿の扉が開いたとたんに火のともる祭壇，風力オルガンなど，流体の性質や単純な力学の法則を応用して，さまざまな機械装置を発明しているのだ．

ゴシック建築と幾何学

ゴシック建築の設計図はあまり残っていないが,下にあげたのはミラノ大聖堂(ドゥオーモ)の珍しい設計図.これを見ると,その設計に幾何学と対称性が用いられているのがわかる.これらの設計図は,ミラノ大聖堂の建築頭だったチェーザレ・チェザリアーノによって1521年に出版された.

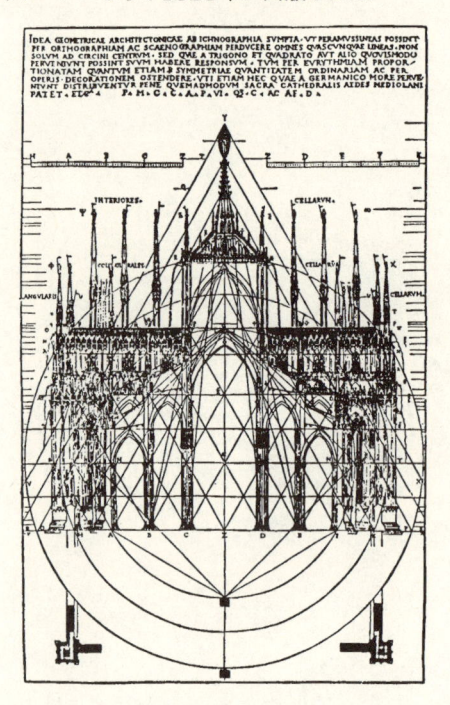

ネイピアの骨

 複雑な数の計算は厄介だ．天文学の計算をする科学者，現実に航海上の問題に直面する船乗り，取引の勘定をする商人たちにとっては，これはとくに切実な問題だった．そこへ現れたのが，有名なスコットランドの数学者ジョン・ネイピア（1550～1617）だ．彼の発見した対数（指数を用いて，複雑な乗除計算を加減計算に変換する方法）[1] は計算法に革命を起こした．ネイピアの開発した対数表のおかげで，乗算や除算，累乗，根の出てくる複雑な計算を，簡単な計算に置き換えることができるようになったのだ．対数や指数関数は数学にとって必須の理論だが，電卓やコンピュータの登場によって，計算尺と同じく対数表も，現代ではほとんど使われなくなってしまった．とはいえ，対数表とそれを使った簡略計算法は，数学者，会計士，航海士，天文学者，科学者に歓迎され，何世紀にもわたって広く活用されていたのである．

 商人たちの仕事を楽にするため，ネイピアは対数を用いて，"ネイピアの骨"と呼ばれる数字を刻んだ計算棒も発明した．象牙や木材で作られた計算棒のセットを商人たちは持ち歩き，乗除計算，平方根や立方根の計算に使っていた．棒はそれぞれ，てっぺんに刻まれた数の乗算表になっている．たとえば，

---

[1] たとえば3600／0.072を計算するには，対数表を使ってこれらの数を指数の形（つまり対数）に直す．2つの数が底の等しい指数の形で書かれている場合は，その指数と指数で引き算をするだけで割り算ができる．つまり，3600と0.072を対数に直して引き算をし，出た答えをまた対数表を使って10進数に書き直せば答えが出るわけだ．

298に7をかけるときは、2, 9, 8の棒を並べて、上から7番めの列を探し、そこに書かれた2つの数を図のように足せば答えが出る。

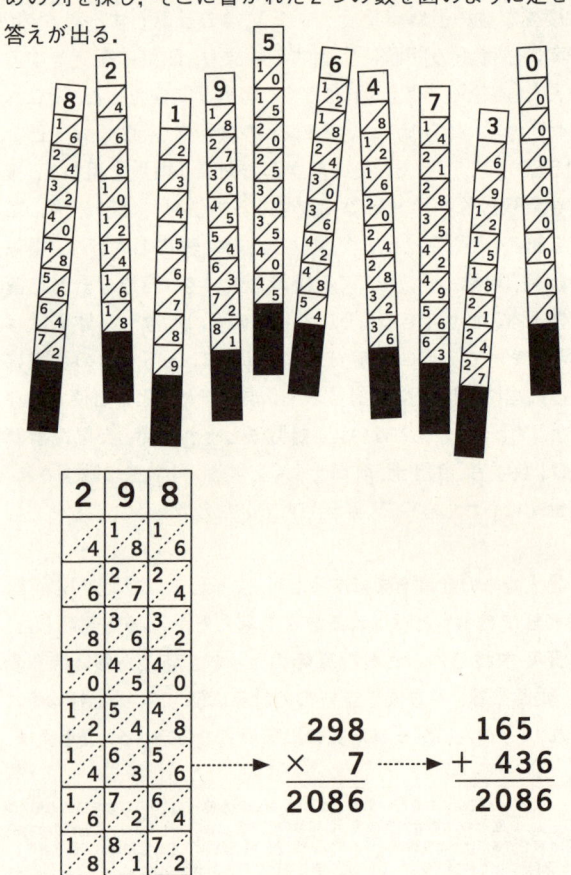

絵画と射影幾何学

意識的にも無意識的にも,画家は何世紀にもわたって数学の影響を受けてきた.射影幾何学,黄金分割,釣り合い,比率,錯覚,対称性,幾何学的な図形や図案や模様,有限と無限,そしてコンピュータ科学のように,数学は絵画のさまざまな側面や様式に影響を及ぼしている.原始美術でも古典期でも,またルネッサンスや現代美術,ポップアートやアールデコでもそれは同じだ.

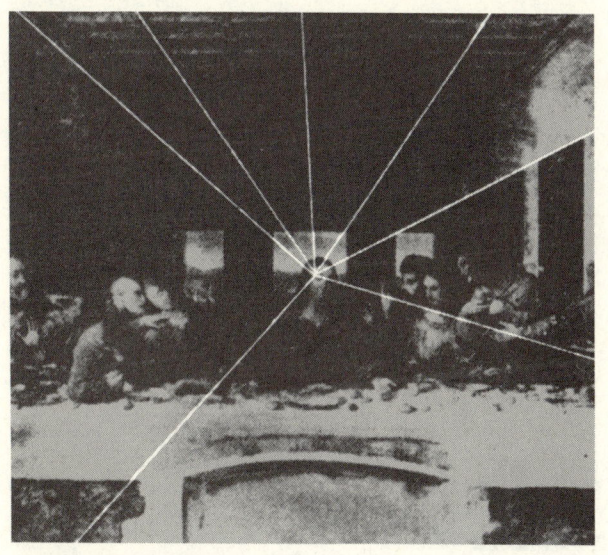

重ねた直線からわかるように,レオナルド・ダ・ヴィンチの傑作『最後の晩餐』には射影幾何学が応用されている.

3次元の情景を2次元のカンヴァスに描くには,距離や角度が変わったとき,ものの見えかたがどう変わるか知らなくてはならない.この分野において射影幾何学は発展し,またルネッサンス絵画に大きな影響を及ぼした.射影幾何学は数学の1分野であり,投影された図形の性質やその空間的な関係を,したがって必然的に遠近法の問題を取り扱う.写実的で立体的な絵画を描くため,当時すでに確立していた射影幾何学の概念——投影点とか,収束する平行線とか,消失点といった——を,ルネッサンス期の画家は利用した.射影幾何学は,最初に姿を現した非ユークリッド幾何学のひとつだ.画家たちは写実的な絵を描きたいと望んだ.窓を通して外の景色を知覚することができるのだから,目を1つの焦点に固定することができれば,その目に見えたものを視点の集合として窓に投影できるはずだ.つまり,窓がカンヴァスの代わりというわけだ.窓を実際にカンヴァスに変えるために,さまざまな道具が生み出された.下にあげたアルブレヒト・デューラーの木版画2点には,そんな道具の実例が描かれている.画家の目が固定点になっていることに注意.

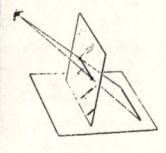

無限と円

　円周の長さは一定である．つまりその長さは有限である．しかし，円周の長さを求める式には，無限の概念を利用して導き出されるものがある．円に内接する一連の正多角形の周囲の長さを考えてみよう．（正多角形とは，各辺の長さがすべて同じで，角度もすべて同じである多角形のことだ．）内接する正多角形の周囲の長さを計算してみると，それが少しずつ円周の長さに近づいていくのがわかる．というより，多角形の辺の数が無限に増えていくとき，その周囲の長さの上限が円周の長さなのだ．下の図を見ると，多角形の辺の数が増えていくごとに各辺が円周に接近していき，その多角形の形が円に近づいていくのがわかる．

内接する正多角形の
辺の数が∞のとき，
その多角形の周囲の長さの
上限は円周の長さである．

不思議な競走路

下の図のように、任意の2つの同心円からなる競走路があるものとする。外側の大円の弦のうち、内側の小円に接するものを直径とする円を描くと、その円の面積はこの競走路の面積に等しくなる。その理由を証明できますか？

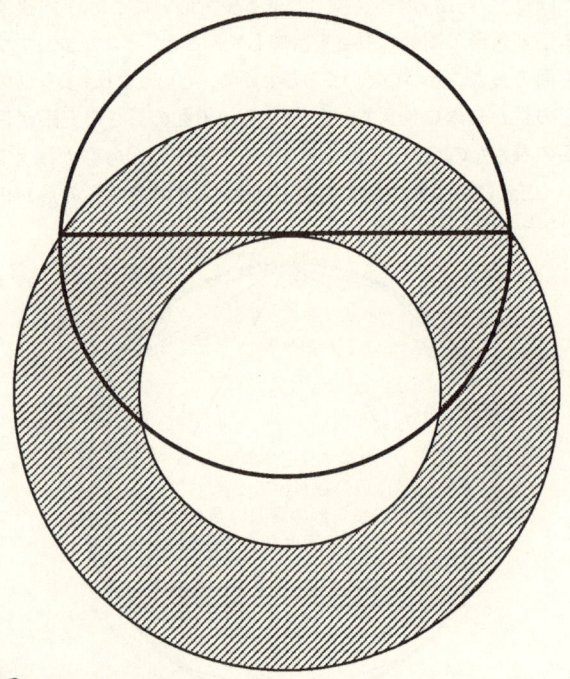

👉 証明は付録参照.

ペルシアの馬とサム・ロイドのパズル

　これは17世紀のペルシアの絵だが，これには4頭の馬が描かれている．見つけられますか？

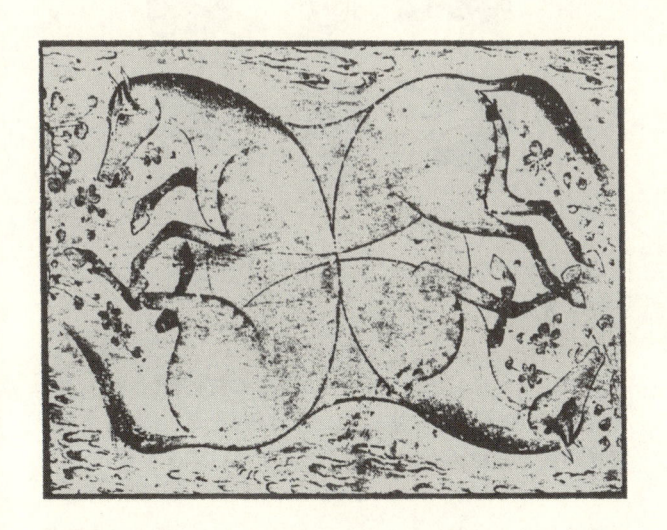

答えは付録参照．

ひょっとしたら，名高いパズル製作者サム・ロイド（1841〜1911）は，この絵を見て"騎手とロバのパズル"を思いついたのではないだろうか．

ロイドが最初にこのパズルを描いたのは1858年，まだ10代のころだった．

この絵を破線に沿って3つの長方形に切り離し，それを折り畳んだりせずに並べ替え，走るロバにまたがっている2人の騎手の絵を完成させなさい．

このパズルはたちまち大人気となり，サム・ロイドは数週間のうちに1万ドルを売り上げたと言われている．

☞ サム・ロイドのパズルの解答は付録参照．

ルーン

月形の語は、ラテン語の lunar（月の形をした）から来ている。ルーンとは、異なる2つの円に囲まれた平面上の領域のことである（図の三日月形の部分）。キオスのヒポクラテス（前460〜380）——ちなみにコス島のヒポクラテス（ヒポクラテスの誓いで有名な医学者）と混同しないように——は、このルーンを熱心に研究した。おそらく円積問題[1]を解くのに使えると考えたのだろう。

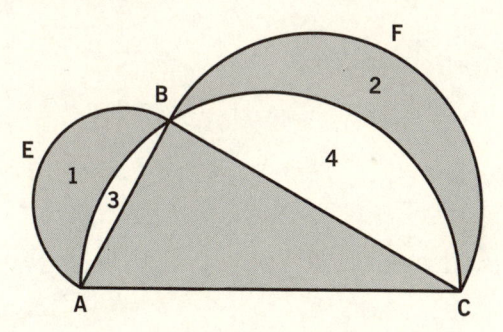

彼は次のような事実を発見し、証明した。

ある半円に内接する三角形を描き、その2辺についてそれぞれを直径とする半円を描いたとき、できる2つのルーンの面積の合計はその三角形の面積に等しい。

---

[1]「不可能な三題」の節（168ページ）を参照.

$\stackrel{\frown}{ABC}$, $\stackrel{\frown}{AEB}$, $\stackrel{\frown}{BFC}$ が半円だとすると次が成り立つ．

ルーン（**1**）の面積＋ルーン（**2**）の面積＝
三角形ABCの面積

証明

半円$\stackrel{\frown}{AEB}$の面積／半円$\stackrel{\frown}{ABC}$の面積＝
$(\pi|AB|^2/8)/(\pi|AC|^2/8)=|AB|^2/|AC|^2$

半円$\stackrel{\frown}{AEB}$の面積＝
（半円$\stackrel{\frown}{ABC}$の面積）×$(|AB|^2/|AC|^2)$ ── (a)

同様に

半円$\stackrel{\frown}{BFC}$の面積＝
（半円$\stackrel{\frown}{ABC}$の面積）×$(|BC|^2/|AC|^2)$ ── (b)

ここで，(a) と (b) の両辺を加えると，

半円$\stackrel{\frown}{AEB}$の面積＋半円$\stackrel{\frown}{BFC}$の面積＝
（半円$\stackrel{\frown}{ABC}$の面積）×$(|AB|^2+|BC|^2)/|AC|^2$
── (c)

△ABCは，半円に内接する三角形なので直角三角形である．

したがって，

$|AB|^2 + |BC|^2 = |AC|^2$ ──ピタゴラスの定理による

(c)にこれを代入すると，

半円$\overparen{AEB}$の面積＋半円$\overparen{BFC}$の面積＝
半円$\overparen{ABC}$の面積

ここから，面積(**3**)＋面積(**4**)＝面積(**3**)＋面積(**4**)を引くと，

ルーン(**1**)の面積＋ルーン(**2**)の面積＝
△ABCの面積

証明終わり

ヒポクラテスは円積問題を解くことはついにできなかったが，解こうと努力する過程で，それまで知られていなかった重要な数学的概念を数多く発見している．

自然のなかの六角形

正方形や円といった幾何学図形は、自然のなかにその美しい手本を見いだすことができる。正六角形は、自然の生んだ幾何学図形のひとつだ。六角形とはその名のとおり、6つの辺を持つ多角形である。その6つの辺の長さがすべて等しく、その角度もすべて等しいとき、その六角形を正六角形という。

正多角形のうち、すきまなくぴったり並べられるのは、正六角形と正方形と正三角形だけである。これは数学的に証明されている。

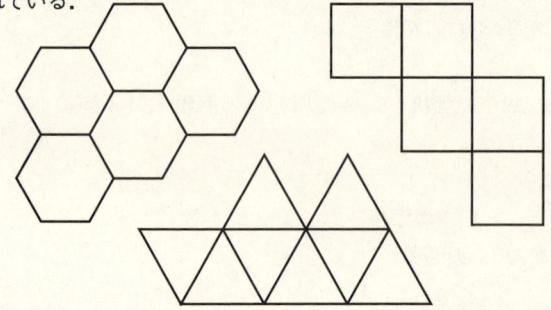

この3つの図形のうち、面積が等しいとき周囲の長さが最も小さくなるのは六角形だ。つまり、蜂の巣の小室が六角形なのは、巣作りに使う蠟の量を最も少なくでき、最小の労力で最大の広さの巣が作れるからだったのである。六角形は蜂の巣に見られるだけでなく、雪片やさまざまな分子、結晶、海棲生物などにも見られる。

降りしきる雪のなかを歩いていると,周囲は美しい幾何学図形に満ちている.雪片は六角形の組み合わせによる対称図形であり,自然の生んだ最も驚嘆すべき図形のひとつだ.1つ1つの雪片の形状に六角形が見てとれる.六角形の組み合わせパターンは無限に存在するから,この世に同じ雪片は2つとないと言われるのも当然だろう.[1]

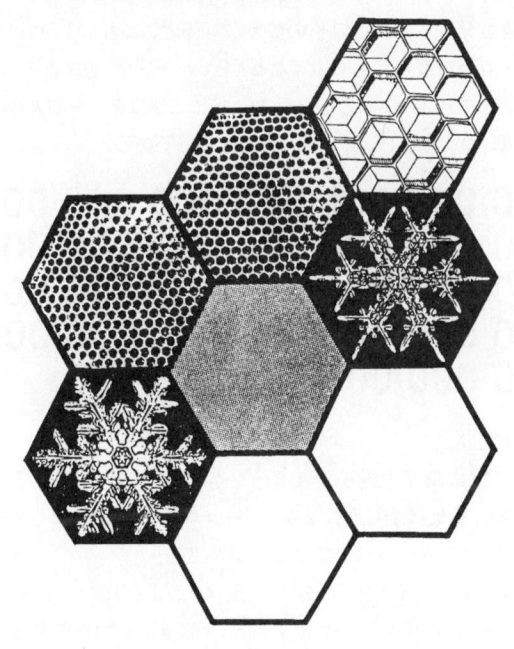

[1] コロラド州ボールダーの米国立気象研究センターのナンシー・C・ナイトは,まったく同一の雪片の集まりを発見したという.これは1986年11月1日に採集された.

グーゴルとグーゴルプレックス

　グーゴルとは，1のあとにゼロが100個つく数，つまり10^{100}だ．グーゴルという名をつけたのは，数学関係の著述家ドクター・エドワード・キャスナーの9歳の甥だった．この甥はまた，グーゴルよりずっと大きい，グーゴルプレックスという数も発明した．この子の説明によると，これは1のあとにゼロを"手が疲れて書けなくなるくらい"書いた数である．数学では，グーゴルプレックスは1のあとにゼロをグーゴル個つけた数，つまり10のグーゴル乗と定義している．

10 000 000 000 000 000 000 000 000 000 000 000 000 000 000 000 000 000 000 000 000 000 000 000 000 000 000 000 000 000 000 000 000 000 000 000 000 000 000 000

大きな数の例：
(1) 宇宙に陽子と電子をすきまなくぎっしり詰め込んだら，その総数は10^{110}になる．グーゴルよりは大きいが，グーゴルプレックスよりははるかに小さい．
(2) コニー・アイランドの砂粒の数は，およそ10^{20}である．
(3) グーテンベルクの聖書（1455）以来，1940年代までに印刷された単語の数はおよそ10^{16}である．

立体方陣

これは，1〜27の自然数を並べて作った3行3列の立体方陣．縦横どの行・列を足しても合計が42になる．

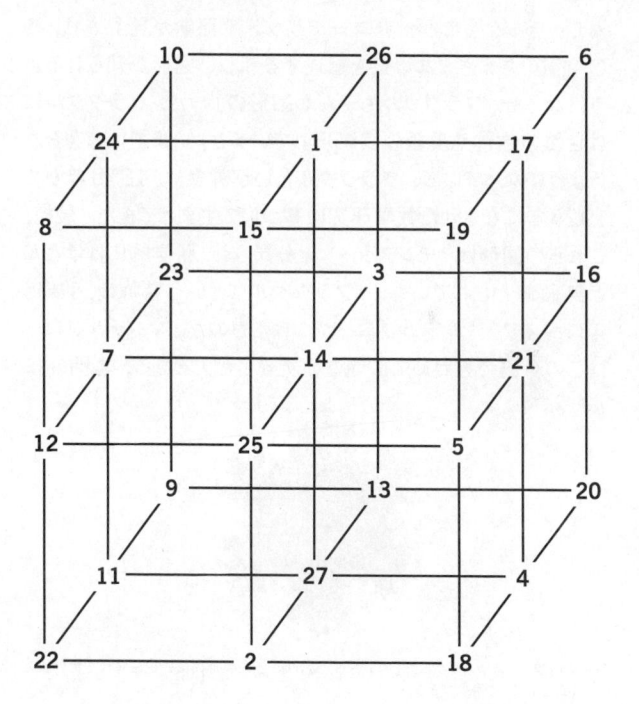

フラクタル——現か幻か

ユークリッド幾何学で扱う図や概念（点，直線，平面，空間，正方形，円など）によって，私たちの生きるこの世界は完全に記述できる——何世紀ものあいだ，人々はそう考えていた．しかし，そんなところへ非ユークリッド幾何学が発見され，この宇宙のさまざまな事象を記述する新しい図形が知られるようになった．フラクタルもそんな図形の1つだ．フラクタルには自然の物体や現象の姿が現れていると，いまでは考えられるようになっている．フラクタルという概念は，1875年から1925年になされた数学研究に基づいて生まれてきた．最初，これらの図形は"モンスター"と分類され，科学的にはほとんど無価値とされていた．"フラクタル"という名称は，1975年にベノワ・マンデルブローがつけたものだ．マンデルブローはこの分野できわめて広範な研究をした人である．専門的に

雪片の曲線[1]はフラクタルの1例である．これは，正三角形の辺に正三角形を付け加えていくことによって生成できる．

---

[1] くわしくは，「雪片曲線」の節（205ページ）を参照．

言うと,フラクタルとは,拡大してももとのディテールを失わない図形のことだ.失わないどころか,その構造は拡大前とまったく変わらないように見える.これと対照的なのが円で,円は一部を拡大すると線分になってしまう.同じフラクタルでも,フラクタルは2種類に分かれている.1つは幾何学的フラクタルで,同一のパターンが連続的にくりかえされるもの.そしてもう1つはランダム・フラクタルである.これら"モンスター"がよみがえったのは,コンピュータ・グラフィックスのおかげだった.コンピュータがあれば,ほとんど一瞬で画面上にフラクタルを生成し,不思議な形状や美しい模様,あるいは入り組んだ地形や風景を描くことができるからだ.

　かつては,科学にとって意味があるのはユークリッド幾何

これはペアノ曲線と言い,フラクタルの1例であると同時に空間充塡曲線の例でもある.空間充塡曲線においては,与えられた領域内のあらゆる点が埋め尽くされ,空間はしだいに黒っぽくなってくる.ここにあげた図はまだあまり埋まっていない例.

学のきちんとした図形だけだと思われていたが,これらの新しい図形が登場したおかげで,自然を別の角度から眺めることができるようになった.フラクタルは新しい数学の一分野となり,ときには"自然の幾何学"と呼ばれることもある.その奇妙なごちゃごちゃした形状が,地震や樹木や樹皮,ショウガの根,海岸線といった自然現象を体現しているからだ.フラクタルは,天文学,経済学,気象学,そして映画制作にも応用されている.

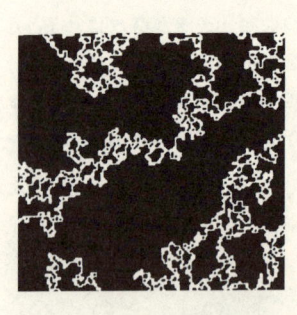

ランダム・フラクタル

チェザロ曲線――
フラクタルの一種

ナノセカンド——コンピュータで時間を計る

電気インパルスは10億分の1秒で20センチ進む。この10億分の1秒のことを**ナノセカンド**と呼ぶが、光は1ナノセカンドで30センチ進む。今日のコンピュータは、1秒に何百万回もの演算を実行するように作られている。大型コンピュータの処理速度のすごさを実感してもらうため、ここで2分の1秒を例にとってみよう。2分の1秒のあいだに、コンピュータは以下のタスクを完了しているはずだ。

(1) 300の銀行口座について200枚の小切手の勘定を借方に記入する。
(2) 100人の患者の心電図をチェックする。
(3) 3000枚の答案の15万問の答えを採点し、各問いの妥当性を評価する。
(4) 社員1000人の会社の給与総額を計算する。
(5) そのうえに、別のタスクに備えて時間をとっておく。

気が遠くなりそうな話だが、コンピュータの動力が電気でなく光になったら、どれほど処理速度があがるだろうか。光の使用を可能にするにはどんな数体系が必要だろうか。光のスペクトルの色の数を基数にすればいいのだろうか。それとも、ほかにもっと適当な性質があるだろうか。

レオナルド・ダ・ヴィンチのジオデシック・ドーム

レオナルド・ダ・ヴィンチは，学問のさまざまな分野とその相関関係に強い関心を抱いていた．数学も例外ではなく，彼は数学の多くの概念を絵画や建築設計や発明に取り入れている．ジオデシック・ドーム【測地線（曲面上の2点を最短距離で結ぶ線）に沿って直線材を連結して作ったドーム．軽量で剛性が高い．開発者の名にちなんでフラードームとも言う】のスケッチさえ残しており，下にあげたのはその再現図である．

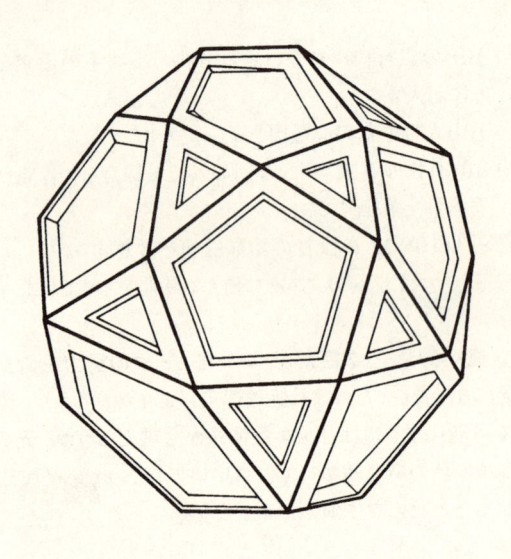

魔方陣

 何百年にもわたって，魔方陣は多くの人々をとりこにしてきた．はるかな昔から超自然現象や魔法と関係があるとされていたし，古代のアジア諸都市の遺跡からも出土している．なにしろ紀元前2200年ごろの中国の文献にも，魔方陣の記録が残っているのである．この魔方陣は"洛書"と呼ばれている．伝説によると，黄河の川岸に現れた神亀の甲羅にこの魔方陣は書かれていて，それを初めて目にしたのは皇帝・禹だったという．

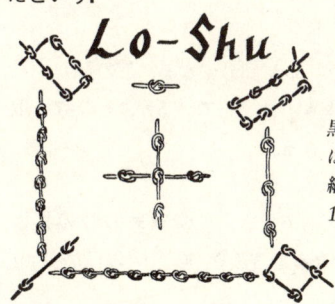

黒い結び目は偶数を，白い結び目は奇数を表す．この魔方陣では，縦横ななめの数の和はいずれも15になる．

 西洋では，初めて魔方陣についての言及が見えるのは，紀元後130年のスミルナのテオンの著作である．9世紀には占星術にも魔方陣が取り入れられ，アラビアの占星術師はホロスコープの計算に魔方陣を使うようになっていた．そしてしまいに，1300年ごろに著されたギリシアの数学者モスコプロスの著作によって，魔方陣とその特性は西半球でも広く知られるようになっていった（とくにルネッサンス期）．

魔方陣の特性:

魔方陣は,それが何行何列でできているかで分類される.たとえば,この魔方陣は3行3列なので3次魔方陣(または3方陣)と呼ぶ.

16	2	12
6	10	14
8	18	4

"魔"方陣と呼ばれるのは,不思議な特性をいくつも備えているからだ.例をあげよう.

1) 縦横斜め,どこを足しても和が同じになる.この和がいくつになるかは方陣の大きさで決まっているが,その数は以下の方法で知ることができる.

(a) n行n列の魔方陣があるとき,縦横斜めの数の和は $(n(n^2+1))/2$ となる.ここで,魔方陣は自然数1, 2, 3, …n^2 から成るものとする.

8	1	6
3	5	7
4	9	2

1	2	3
4	5	6
7	8	9

3方陣.縦横斜めの和=
$(3(3^2+1))/2=15$

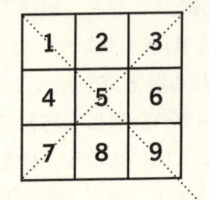

(b) まず左すみのマスから始めて、順序よく各行に数字を置いていく。対角線上に並ぶ数字の合計が求める数である。これは何次の魔方陣でも変わらない。

2) 中心から同じ距離だけ離れた2つの数 (縦横斜めどちらでも) を補数という。魔方陣内の2数の和が、その魔方陣の最小の数と最大の数の和に等しいとき、その2数は互いに補数である。

8	1	6
3	5	7
4	9	2

この魔方陣の補数どうしの組み合わせは、
8と2、6と4、3と7、1と9である。

魔方陣を別の魔方陣に変形する方法:

3) 任意のある数を、魔方陣内のすべての数に加えても、あるいは掛けても、その結果はやはり魔方陣になる。

4) 中心から等距離にある行どうし、または列どうしを入れ換えると、その結果はやはり魔方陣になる。

5) (a) 偶数次の魔方陣では、象限と象限をそれぞれ入れ換

えると結果は魔方陣になる.

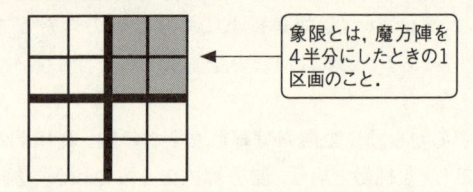

> 象限とは,魔方陣を4半分にしたときの1区画のこと.

(b) 奇数次の魔方陣では,不完全象限どうしをそれぞれ入れ換えると結果は魔方陣になる.

数学的な遊びは数々あるが,魔方陣ほどさまざまな文献に取りあげられてきた遊びはほかにない.たとえばベンジャミン・フランクリンなども,かなりの時間を費やして魔方陣の作りかたを考案している.

1から25までの自然数を5行5列に並べ,縦横斜めどこを足しても和が等しくなるようにするのはかなりむずかしい.このような魔方陣を5方陣という.行(または列)数が奇数なら奇数次魔方陣,偶数なら偶数次魔方陣という.偶数次魔方陣の場合,行・列数に関わらず常に当てはまる汎用的な作りかたはまだわかっていない.いっぽう奇数次魔方陣については,行・列数がいくつであっても使える汎用的な方法が多数見つかっている.以下に紹介するのはラ・ルーブルの考案した"階段法"で,魔方陣ファンならたいてい知っている方法だ.次ページの図は,この階段法で3行3列の魔方陣を作る方法を示している.

階段法で3行3列の魔方陣を作る

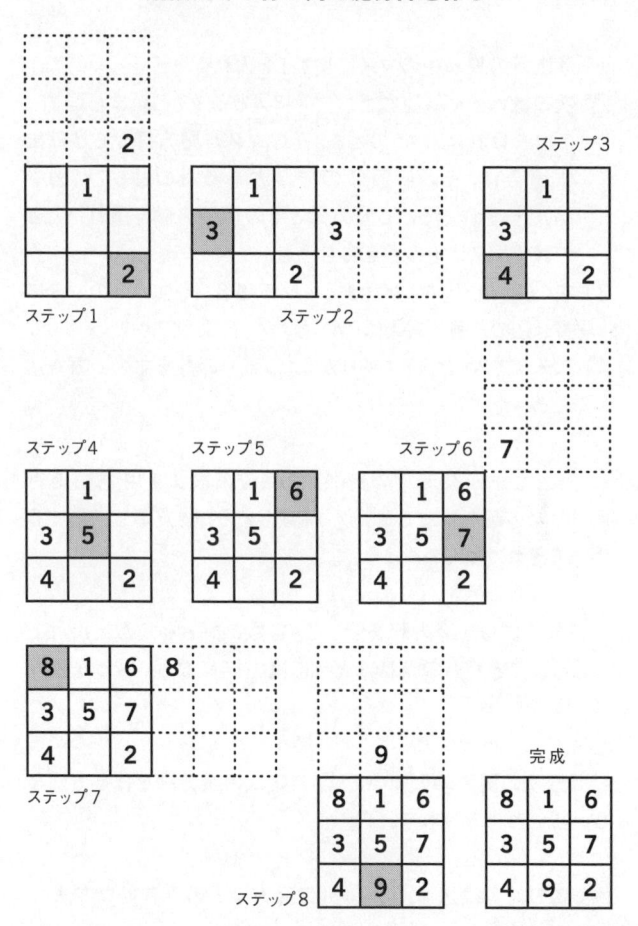

ステップ1

ステップ2

ステップ3

ステップ4

ステップ5

ステップ6

ステップ7

ステップ8

完成

8	1	6
3	5	7
4	9	2

階段法

1) 最上行の真ん中のマスにまず1を入れる.
2) 次の数はすぐ斜め右上のマスに入れる（そこがまだ埋まっていなければ）. このとき, そのマスが魔方陣からはみ出す場合は, そこに仮想の方陣があるものとして（図参照）, いま作っている魔方陣とその仮想方陣を重ねたときの該当マスにその数を書き込む.
3) すぐ斜め上のマスが埋まっている場合は, すぐ下のマスに書き込む. 例で言えば "4" と "7" のように.
4) ステップ2) と3) をくりかえし, 残りの数をすべて書き込んでいく.

では, 1から25までの自然数とこの階段法を用いて, 5行5列の魔方陣を作ってみよう. 完成したら, 魔方陣を変形する手法をそれで試してみよう.

自分で作った魔方陣を使って, 各数に好きな定数を掛けてみよう. できたものがほんとうに魔方陣になっているか確かめよう.

偶数次の魔方陣については, 特定次の魔方陣を作る方法ならいろいろ考案されている.

例：この対角線法は, 4行4列の魔方陣でのみ有効な方法.

作りかた：

まず，魔方陣のマスに順序よく数字を書き込んでいく．次に，対角線上のマスに書き込まれた数字を，その補数と入れ換える．

4行4列の魔方陣では，行どうし列どうしをそれぞれ入れ換えても，その結果は魔方陣になる．また，象限どうしをそれぞれ入れ換えても，やはりその結果は魔方陣になる．

ほかの偶数次魔方陣についても，作りかたを自分で考案してみよう．あるいは，どんな偶数次の魔方陣にも当てはまる，汎用的な作りかたを発見できるかやってみてもいい[1]．奇数次魔方陣については，汎用的な作りかたがほかにもいろいろ考案されているから，それを調べてみても面白いだろう．

---

[1] 偶数次魔方陣の汎用的な作成法に関しては，多くの人が多大な時間と労力をかけて発見しようと努力してきた．ニュージャージー州ハウエルのハイマン・サーチャックは，偶数次魔方陣を作る方法を考案したと主張している．

"特殊な" 魔方陣

フィボナッチ数列1, 1, 2, 3, 5, 8, 13, …の各項は、その前の2項の和になっている。自然数1, 2, 3, 4, 5, 6, 7, 8, 9からなる魔方陣の並びにならって、フィボナッチ数3, 5, 8, 13, 21, 34, 55, 89, 144で方陣を作ってみよう。この方陣は一般的な魔方陣の特性は備えていないが、3つの行の積の和（9078＋9240＋9360＝27,678）は、3つの列の積の和（9256＋9072＋9350＝27,678）に等しくなる。

8	1	6
3	5	7
4	9	2

89	3	34
8	21	55
13	144	5

中国の三角形

　数学は万国共通だ．歴史を見ればわかるように，数学の応用や発見はひとつの地域に限ってなされているわけではない．たとえば，以下にあげるのはパスカルの三角形の中国版である．パスカルは数字を並べた三角形で重要な発見をいくつもしているが，その三角形自体は1303年ごろ，なんとパスカルが生まれる320年も前に印刷された本に載っているのだ[1]．

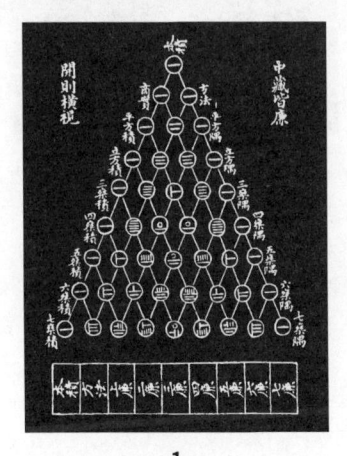

```
        1
       1 1
      1 2 1
     1 3 3 1
    1 4 6 4 1
```

---

[1] パスカルの三角形の節（64, 233ページ）を参照．

アルキメデスの死

シラクサのアルキメデス（前287〜212）は，ヘレニズム時代の重要な数学者だ．

前214年から212年，第2次ポエニ戦争のとき，シラクサはローマ軍に包囲された．このときアルキメデスは天才的な防衛兵器——投石機，滑車つきの鉤（これでローマの軍艦を吊り上げて転覆させたという），反射鏡（太陽光を集めて軍艦に火をつけたという）——を発明し，ローマ軍を食い止めるのに貢献した．おかげで3年近くも持ちこたえたものの，結局シラクサはローマ軍に降伏する．このとき，ローマ軍司令官マルクス・クラウディウス・マルケルスは，とくに命令を発して，アルキメデスを害してはならないと戒めた．しかし，1人のローマ兵がアルキメデスの自宅に踏み込んだとき，アルキメデスはそれにも気づかず数学の問題に熱中していた．兵士がやめろと命じても気にも留めなかったため，怒った兵士に切り殺されたと伝えられる．

非ユークリッド幾何学の世界

19世紀は,政治,美術,科学の分野で革命的な思想が生まれた時代だった.数学の分野でもそれは同じで,非ユークリッド幾何学が発展してきたのはこの19世紀のことだ.印象派絵画が現代美術の誕生を意味していたのと同じように,非ユークリッド幾何学の発見は現代数学の誕生を意味していた.

この時期,双曲幾何学(非ユークリッド幾何学の1部門)が,ロシアの数学者ニコライ・ロバチェフスキー(1793〜1856)とハンガリーの数学者ヤノーシュ・ボヤイ(1802〜1860)によってそれぞれ別個に発見された.

ポアンカレの双曲幾何学モデルによる抽象的デザイン

非ユークリッド幾何学の例に漏れず，双曲幾何学の記述する特性は奇怪なものに見える．だがこれは，無意識のうちにユークリッド幾何学の用語で幾何学を考えているからだ．たとえば，双曲幾何学では"直線"はまっすぐではないし，"平行線"は等幅のままではない（漸近線なので交わることはないが）．だがくわしく勉強してみると，非ユークリッド幾何学はじつは，この宇宙の現象をより正確にとらえているのではないかと思うようになる．つまりこれらの幾何学は，その幾何学が成り立つ"別の世界"を記述しているのである．

　そのよい例が，フランスの数学者アンリ・ポアンカレ（1854～1912）の生み出したモデルだ．そのモデルでは，宇宙は円（3次元モデルでは球として描かれる）で限られていて，中心の温度が最も高く，中心から遠ざかるにつれて温度は下がり，境界では絶対零度になる．この宇宙に存在するモノや人はこの温度変化に気がつかないが，移動するにしたがってあらゆるものが大きさを変えていくものとする．つまり，物体も生物も中心に近づくと膨張し，境界に近づくとそれに比例して収縮するのだ．しかし，"あらゆるもの"の大きさが変化するため，その変化に人は気づくことができない．したがってこの世界では，境界に向かうにつれて歩幅が小さくなっていくので，行けども行けども境界はいっこうに近づいてこない．そのため世界は無限に見えるし，2点間の最短距離は曲線になる．なぜなら，A点からB点に到達するには，中心に向かう弧を描いたほうが必要な歩数が少なくなる（中心に近づくと歩幅が広

がるため)からだ。この世界では、図の三角形ABCのように、三角形の辺は円弧からなる。平行線さえ違って見える。線分DCEは線分ABと平行である。なぜならこの2本は永遠に交わらないからだ。

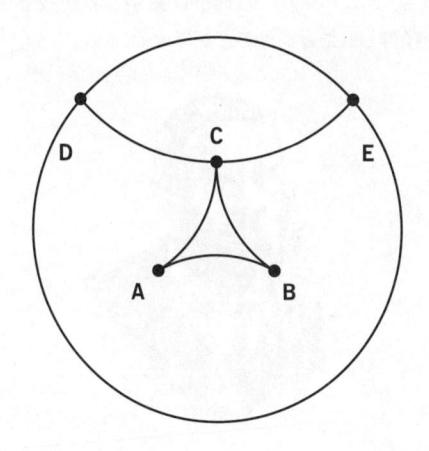

ポアンカレの宇宙は、私たちの生きているこの世界の真実の姿だという可能性もある。宇宙のなかの自分の位置を見ることができれば、そして光年単位の距離を移動することができたら、おそらく人は自分の物理的な大きさが変化していることに気がつくだろう。実際、アインシュタインの相対性理論によると、定規の長さは光速に近づくにつれて短くなるのだ！

ポアンカレは"知の先駆者"だった。パリのソルボンヌ大学で教授を務めていた時期(1881年から1912年)、講義で

取りあげたテーマの多様性がそのことを示している．彼の研究や発想の対象は，電気，ポテンシャル理論，流体力学，熱力学，確率，天体力学，発散する無限級数，漸近展開，積分不変式，軌道の安定性，天体の形状などなど，まさに多岐にわたっていた．ポアンカレの仕事は文字どおり，20世紀数学の発展を後押ししたということができる．

アンリ・ポアンカレ

砲丸とピラミッド

平方数，ピラミッド数，そしてそれらの和を使えば，底面が正方形のピラミッドをなす砲丸の数を求めることができる．

	1	3	5	7	9
奇　　数	●	●●●	●●●●●	●●●●●●●	●●●●●●●●●

	1	4 =1+3	9 =4+5	16 =9+7	25 =16+9
平　方　数					

	1	5 =1+4	14 =5+9	30 =14+16	55 =30+25
ピラミッド数					

これらの数のパターンを理解しよう．

下図のように砲丸を積み上げたら，砲丸はいくつ必要だろうか．

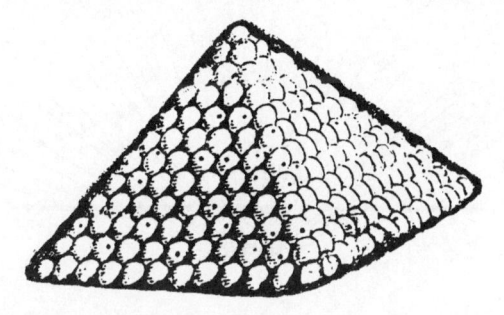

ニコメデスのコンコイド

ある問題の解を探しているとき，新しい概念や発見が生まれるというのは数学ではままあることだ．古代ギリシアの3大作図問題——角の3等分問題（与えられた角を3つの等しい角に分割する），立方体の倍積問題（与えられた立方体の2倍の体積をもつ立方体を求める），円積問題（与えられた円と面積の等しい正方形を求める）——は数学者に挑戦をうながし，解を求める過程で多くのアイデアが発見された．直定規とコンパスだけでは解決不能とすでに証明されているものの，角の3等分問題と倍積問題は他の手段によって解決されている．その解法の1つが"コンコイド"だ．

コンコイドとは，ニコメデス（前200年ごろ）によって生み出された古代の曲線の1つで，倍積問題および角の3等分問題を解くために使われている．

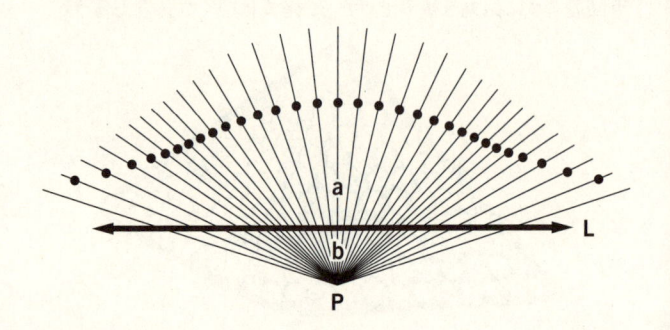

コンコイドを作成するには、まず直線 L と点 P を書く。次に P を通って L に交わる半直線を放射状に書く。この半直線1本1本に、直線 L から一定距離（ここでは a）の位置に点を打つ。これらの点の描く軌跡がコンコイドである。コンコイドの曲率は、a と b の関係、すなわち $a = b, a < b, a > b$ によって決まる。コンコイドの極方程式は $r = a + b \sec \Theta$ である。

∠P を3等分するには、まず∠P を直角三角形 QPR の鋭角の1つとする。極点を P とし、直線 $\overleftrightarrow{QR}$ を固定した直線 L としてコンコイドを書く。直線 L からの距離としては 2h、すなわち斜辺 |PR| の2倍を用いる。点 R で、$\overline{QR}$ に直交する $\overline{RS}$ を書き、コンコイドとの交点 S を求める。このとき、∠QPT が∠QPR の3分の1になることを証明しよう。

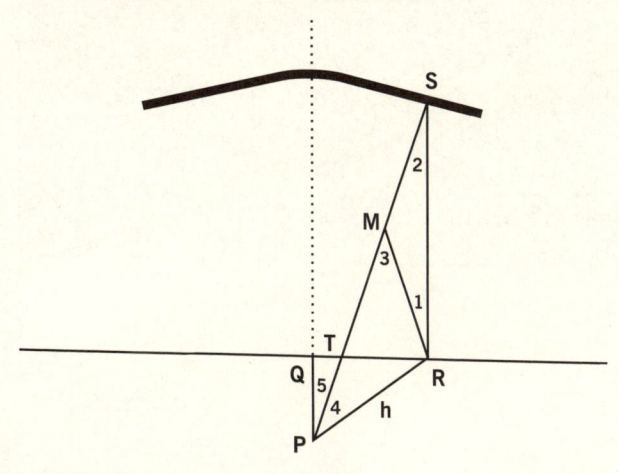

証明

$\overline{TS}$ の中点を M とすると, コンコイドの定義から $|TM|=|SM|=h$ である. △SRT は直角三角形だから斜辺の中点は3つの頂点から等距離にあるので, したがって $|RM|=h$ が成り立つ.

ここで, $|MS|=|MR|=h$ なので, $\angle 1 = \angle 2 = k°$ とする. また, $\angle 3$ は三角形 SMR の外角だから, $\angle 3 = 2k°$ となる. また, $|MR|=|PR|=h$ なので, $\angle 3 = \angle 4 = 2k°$ である.

線分 $\overline{PQ}$ と $\overline{SR}$ は同一平面上にあって直線 $\overleftrightarrow{QR}$ に直交しているから, $\overline{PQ} /\!/ \overline{RS}$ が成り立つので, $\angle 5 = \angle 2 = k°$

したがって, $\angle QPR = 3k°$ であり, $1/3(\angle QPR) = k° = \angle 5$ である.

ゆえに $\angle QPT$ は $\angle QPR$ の3分の1となる.

三つ葉結び目

子供のころに靴紐を結ぶことを覚えた日から、たいていの人はしょっちゅう紐を結んできたことだろう。言うまでもないが、紐を結ぶのは高度な技術ともなりうる。船員が船をもやうのを見たことがある人ならわかるはずだ。しかし、結び目というテーマはまた、位相幾何学の分野では数学的な問題でもあるのだ。結び目理論は比較的新しい研究分野であり、これまでに証明された最も重要な概念は、"3次元を超える次元には結び目は存在し得ない" ということだ。

三つ葉結び目を作る

右のような三つ葉結び目を作るには、まず細長い紙片に半ひねりを3回加え、端と端をテープで接着する。ハサミを使って、紙片の真ん中を端から端まで切る。すると、三つ葉結び目のある輪が1つできる。

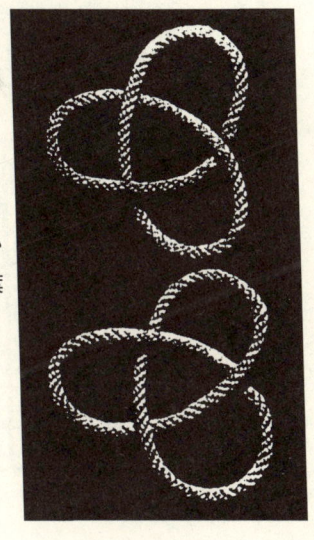

ベンジャミン・フランクリンの魔方陣

　ベンジャミン・フランクリンの魔方陣には，一般的な魔方陣の特徴[1]に加えて，さまざまな数の不思議が見られる．各行各列の和は260，半分までの和はすべて130．トーンで書いた斜線に沿って斜め上に4つ，斜め下に4つ数を足すと合計は260【上端下端の斜線では数が4つに足りなくなるが，足りない分は足して4つになる斜線で補うとよい．たとえば下端，数が1つずつしかない斜線49と48には，数が3つずつしかない下端の斜線，1＋2＋56，41＋31＋32を加えるか，あるいは同じく数が3つずつの上端の斜線，53＋3＋4，29＋30＋44を加える】．中心からの距離の等しい任意の4つの数を足すと和は130．隅の4マスと中心の4マスの合計は260．小さな方陣（2行2列）の4つの数の和は130．

52	61	4	13	20	29	36	45
14	3	62	51	46	35	30	19
53	60	5	12	21	28	37	44
11	6	59	54	43	38	27	22
55	58	7	10	23	26	39	42
9	8	57	56	41	40	25	24
50	63	2	15	18	31	34	47
16	1	64	49	48	33	32	17

---

[1]「魔方陣」の節（113ページ）を参照.

無理数とピタゴラスの定理

無理数とは，有限小数としても循環小数としても表すことのできない数をいう．

例： $\sqrt{2}$, $\sqrt{3}$, $\sqrt{5}$, π, $\sqrt{48}$, e, $\sqrt{235}$, ϕ, …

無理数を小数で表そうとすると，循環しない無限小数になる．

例： $\sqrt{2}$ ≈ 1.41421356…
$\sqrt{235}$ ≈ 15.3297097…
π ≈ 3.141592653…
e ≈ 2.71828182…
ϕ ≈ 1.61803398… ——黄金比

数学者は昔から，無理数をより正確な小数で表そうとさまざまな方法を考案してきた．そして何千年も経ってようやく，高性能のコンピュータと無限級数によって，望みの桁数まで正確に概数を求められるようになった．ここに至るまでに費やされた時間と労力を考えると信じられない話だが，多くの無理数については，あのピタゴラスの定理で数直線上の位置を正確に求めることができる．古代ギリシアの数学者たちはピタゴラスの定理を証明し[1]，またそれを用いて正確な無理数の長さを得ていたのだ．

$\sqrt{2}, \sqrt{3}, \sqrt{5}, \sqrt{6}, \sqrt{7}, \sqrt{8}$…の数直線上の位置を求めるには，斜辺がこの長さになるような直角三角形を描けばよい．そこでコンパスを使って，図のように数直線に交わる弧を描く．

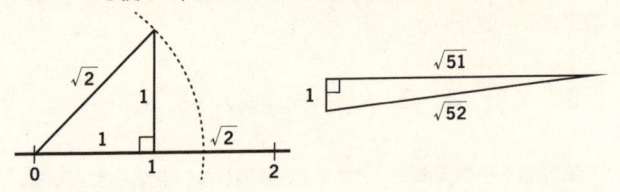

図に示すように，$\sqrt{52}$を求めるには$\sqrt{51}$と1を使うか，たとえば7と$\sqrt{3}$のような組み合わせを使って作図すればよい．

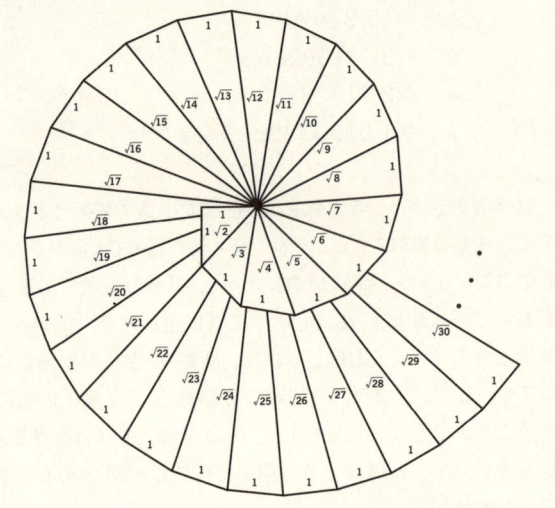

---

[1]「ピタゴラスの定理」の節（18ページ）参照．πとeは直定規とコンパスでは求められないことに注意．この2つは無理数であるだけでなく，超越数でもあるので．

素数

 ある数が1より大きい自然数で,1とそれ自身以外に約数をもたないとき,その数を素数という.

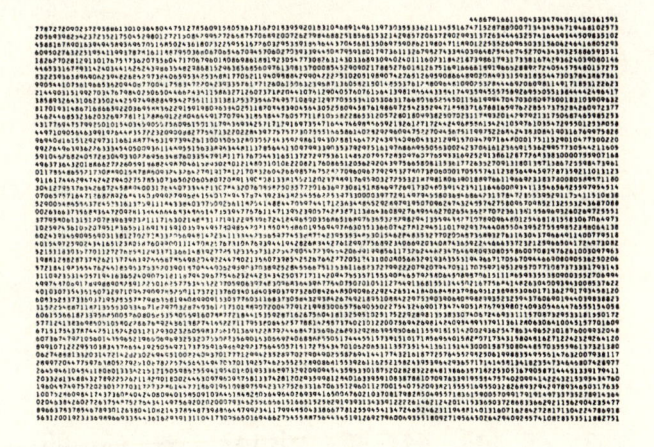

[大きな数字の羅列による素数の表示]

 1978年10月30日午後9時,知られている素数としては当時最大の数が発見された.上にあげた数がそれ.コンピュータの実行時にして1800時間を費やしたのち,ローラ・ニッケルとカート・ノル(どちらもカリフォルニア州ヘイワードの高校生)が発見したもので,$2^{21701}-1$ と表せる.カート・ノルはその後はひとりで計算を続け,数か月後により大きな素数,$2^{23209}-1$ を発見した.さらに1979年5月,リヴァモア研究所のハリー・ネルソンが,ノルの素数よりずっと大きな素数,すなわち $2^{44497}-1$ を発見している.

今日ではコンピュータ・プログラムで素数は発見されているが，ギリシアの数学者エラトステネス（紀元前275～194）は，与えられた数より小さな素数をすべて見つけるふるい分け法を考案した．下の図では，100より小さな素数が○で囲んである．

エラトステネスのふるい

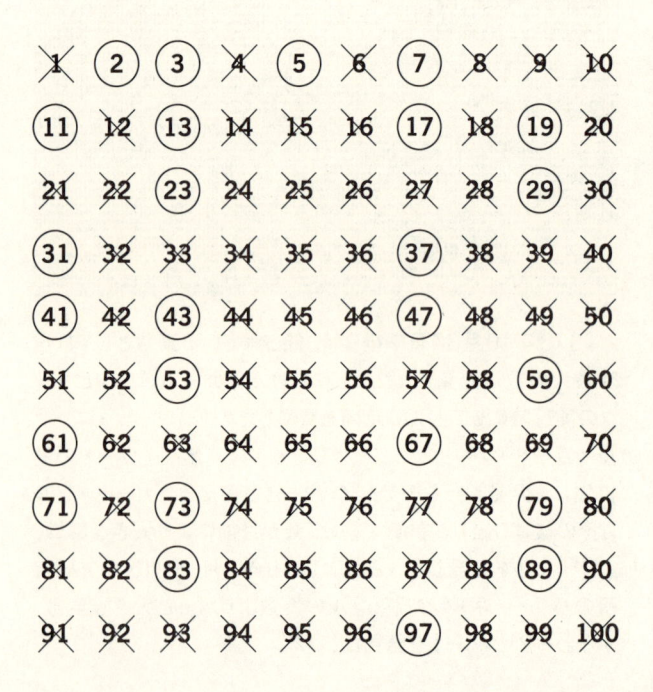

~~1~~	②	③	~~4~~	⑤	~~6~~	⑦	~~8~~	~~9~~	~~10~~
⑪	~~12~~	⑬	~~14~~	~~15~~	~~16~~	⑰	~~18~~	⑲	~~20~~
~~21~~	~~22~~	㉓	~~24~~	~~25~~	~~26~~	~~27~~	~~28~~	㉙	~~30~~
㉛	~~32~~	~~33~~	~~34~~	~~35~~	~~36~~	㊲	~~38~~	~~39~~	~~40~~
㊶	~~42~~	㊸	~~44~~	~~45~~	~~46~~	㊼	~~48~~	~~49~~	~~50~~
~~51~~	~~52~~	(53)	~~54~~	~~55~~	~~56~~	~~57~~	~~58~~	(59)	~~60~~
(61)	~~62~~	~~63~~	~~64~~	~~65~~	~~66~~	(67)	~~68~~	~~69~~	~~70~~
(71)	~~72~~	(73)	~~74~~	~~75~~	~~76~~	~~77~~	~~78~~	(79)	~~80~~
~~81~~	~~82~~	(83)	~~84~~	~~85~~	~~86~~	~~87~~	~~88~~	(89)	~~90~~
~~91~~	~~92~~	~~93~~	~~94~~	~~95~~	~~96~~	(97)	~~98~~	~~99~~	~~100~~

方法:

(1) 1は素数でないので×で消す.
(2) 2を○で囲む. 2は正の数のうちで最小の偶数にして素数である. 次に, そのあとに続く数を1つおきにすべて消していく (2の倍数だから).
(3) 次の素数である3を○で囲む. 次に, そのあとに続く数を今度は2つおきにすべて×で消していく (3の倍数だから). すでに2の倍数として消されている数もあるが, それは気にしなくてよい.
(4) その次に現れるまだ無印の数 (ここでは5) に○をつける. 次に, そのあとに続く数を今度は4つおきにすべて×で消していく.
(5) 100までの数すべてに○か×がつくまで, この手順をくりかえす.

黄金方形

　黄金方形は非常に美しく興味深い数学的図形で，数学の範囲を超えてさまざまな分野に浸透している．絵画，建築，自然，果ては広告の分野でもお目にかかるが，この人気は偶然ではない．心理学的調査によれば，黄金方形は人間の目に最も快い方形の1つなのだ．

　紀元前5世紀の古代ギリシアの建築家たちは，これが調和のとれた建築物を建造するのに役立つと気づいていた．パルテノン神殿を見れば，黄金方形が早くから建築に利用されていたことがわかる．古代ギリシア人は黄金比について知っていて，その作図法，近似値の求めかた，そしてそれを使って黄金方形を作図する方法を知っていた．黄金比 ϕ（ファイ）の文字が，名高いギリシアの彫刻家ペイディアス（Pheidias）の頭文字なのは偶然ではない．ペイディアスの作品には，黄金比と黄金方形が使われていたと言われている．ピタゴラス教団が五芒星

ギリシア・アテネのパルテノン神殿

を教団のシンボルに選んだのは，それが黄金比と関連しているからだったのかもしれない．

建築だけでなく，黄金方形は絵画にも見られる．1509年のルカ・パチョーリの『神聖比例論』の挿画では，レオナルド・ダ・ヴィンチが人体の構造に見出せる黄金比を図にしている．美術分野では，黄金比に基づく描きかたをダイナミック・シンメトリー法と呼ぶようになっている．アルブレヒト・デューラー，ジョルジュ・スーラ，ピエト・モンドリアン，レオナルド・ダ・ヴィンチ，サルヴァドール・ダリ，ジョージ・ベローズなどはみな，ダイナミック・シンメトリーを生み出すために黄金方形を用いた作品を描いている．

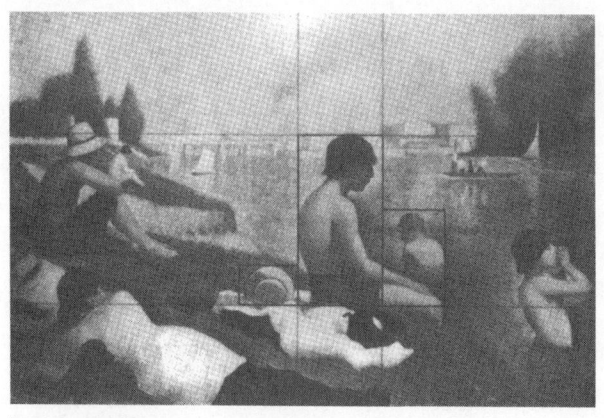

『アニエールの水浴』
フランスの印象派の画家ジョルジュ・スーラ（1859〜1891）の作品．
黄金方形が3つ見える．

与えられた線分ＡＣ上で幾何平均を求めると，線分を黄金比[1]で分割できる．つまり

(|AC|／|AB|) = (|AB|／|BC|) が成り立つ．

このとき|AB|を黄金分割，黄金比，あるいは黄金率という．

線分を黄金比で分割したら，黄金方形は以下のようにして簡単に作図できる．

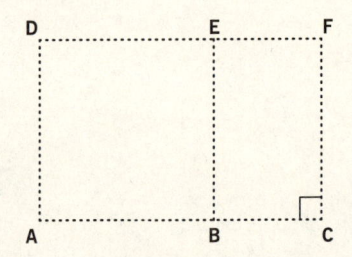

1) 任意の線分 $\overline{AC}$ を黄金比によって点 B で分割したら，正方形 ABED を作図する．
2) 線分 $\overline{AC}$ に対して直角に，線分 $\overline{CF}$ を描く．
3) 半直線 $\overrightarrow{DE}$ を延長し，直線 $\overleftrightarrow{DE}$ が直線 $\overleftrightarrow{CF}$ と交わる点を F とする．このとき，ＡＤＦＣは黄金方形である．

---

[1] 黄金比の値を求めるには，等式 $(1/x) = (x/(1-x))$ を解く．ここで $x = |AB|$, $|AC| = 1$, $|BC| = (1-x)$ である．黄金比 $|AC|/|AB|$ あるいは $|AB|/|BC|$ を求めると，答えは $[(1+\sqrt{5})/2]$ でおよそ1.6となる．

あらかじめ黄金比で線分を分割していなくても，黄金方形は以下のようにして作図することができる．

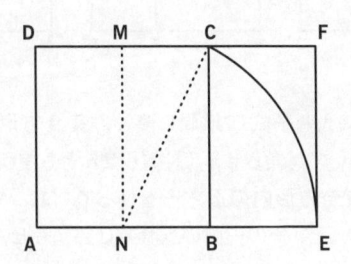

1）任意の正方形 ABCD を描く．
2）線分 $\overline{MN}$ でその正方形を2等分する．
3）コンパスを使って，中心を N，半径を $|CN|$ とする円弧 $\overset{\frown}{EC}$ を描く．
4）半直線 $\overrightarrow{AB}$ を延長し，その円弧と交わる点をEとする．
5）半直線 $\overrightarrow{DC}$ を延長する．
6）線分 $\overline{AE}$ に対して垂直な線分 $\overline{EF}$ を描き，半直線 $\overrightarrow{DC}$ が半直線 $\overrightarrow{EF}$ と交わる点をFとする．このとき，ADFE は黄金方形である．

黄金方形はまた自己生成することもできる．黄金方形 ABCD があるとき，次ページの図のように正方形 ABEF を描くと，黄金方形 ECDF が容易に作図できる．さらにまた，同じく正方形 ECGH を描けば黄金方形 DGHF が簡単に描ける．これは無限にくりかえすことができる．

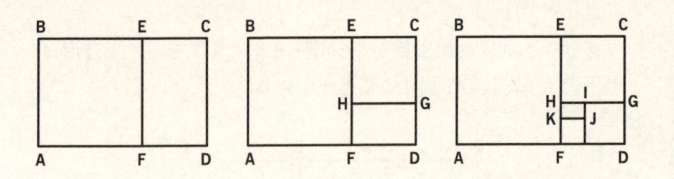

このように入れ子式に無限に多くの黄金方形を作図すれば、それを用いて等角らせん(対数らせんとも言う)を描くことができる。黄金方形内の正方形を使って、コンパスで四分円を作図していくと、その円弧の連なりは等角らせんをなすのである。

注:

黄金方形からは次々に黄金方形を生成することができ、それによって等角らせんの外枠が生成できる。図の対角線の交点は、らせんの極すなわち中心である。

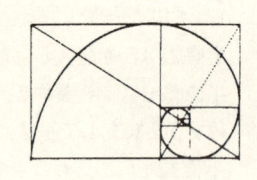

点Oはらせんの中心である。

中心点Oとらせん上の任意の点を終点とする線分を、らせんの半径という。

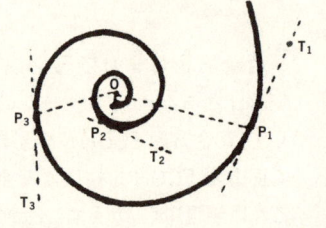

らせん上の1点を通る接線と半径とがなす角度（たとえば $T_1 P_1 O$）がすべて等しいとき，そのらせんを等角らせんという．

等角らせんは対数らせんとも言われるが，これはこのらせんが，幾何級数的すなわちある数の累乗倍ずつ大きくなっていくからだ．累乗あるいは冪は対数の別名である．

大きくしていっても形状が変化しないらせんは，等角らせんだけである．

自然界には，正方形，六角形，円，三角形など，さまざまな形状の外殻が見られるが，なかでもとくに目に快いのが黄金方形と等角らせんだ．等角らせんと黄金方形は，ヒトデ，貝，アンモナイト，オウムガイ，草の穂のつきかた，松かさ，パイナップル，卵の形にすら見てとれる．

同様に興味深いのは，黄金比がフィボナッチ数列（$1, 1, 2, 3, 5, 8, 13, \cdots, [F_{n-1}+F_{n-2}], \cdots$）と関連していることだ．フィボナッチ数列の隣り合う2項の比で数列を作ると，その極限は黄金比 ϕ になるのである．

$$\frac{1}{1}, \frac{2}{1}, \frac{3}{2}, \frac{5}{3}, \frac{8}{5}, \frac{13}{8}, \frac{21}{13}, \frac{34}{21}, \cdots, \frac{F_{n+1}}{F_n} \longrightarrow \phi$$

$1, 2, 1.5, 1.6, 1.\overline{666666}, 1.625, 1.\overline{615384}, 1.\overline{619047}, \ldots$

$$\phi = \frac{1+\sqrt{5}}{2} \approx 1.6$$

黄金方形は，絵画，建築，自然のなかに見出せるだけでなく，今日では広告や販売促進にさえ利用されている．多くの商品の箱が黄金方形をしているのは，おそらく消費者の美的感覚に訴えるためだろう．標準的なクレジットカードも，黄金方形に近い比率になっている．

　黄金方形はまた，さまざまな数学的概念と相互に関係しあっている．たとえば無限級数，代数，内接正十角形，プラトンの立体，等角・対数らせん，極限，黄金三角，五芒星などだ．

3・4フレクサゴンを作る

広い意味では、フレクサゴンは一種の位相幾何学的パズルと見なすことができる。フレクサゴンは紙で作る図形だが、折り曲げかたによって、表面に出る顔(フェイス)がさまざまに変化する。

下にあげたのは、3・4フレクサゴンと呼ばれるフレクサゴンだ。ここで3はフェイスの数【1111, 2222, 3333の3種類】、4は面の数を表している。

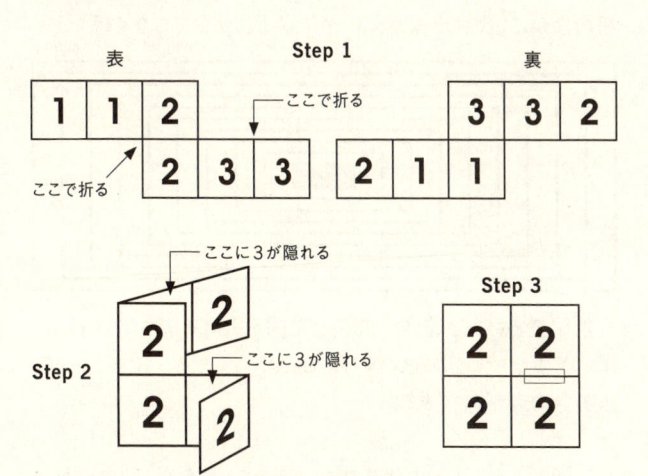

Step 1

表

1	1	2
2	3	3

←ここで折る

裏

	3	3	2
	2	1	1

ここで折る↗ ←ここで折る

Step 2

ここに3が隠れる

2	2
2	2

ここに3が隠れる

Step 3

2	2
2	2

表に2がすべて集まり、裏には1がすべて集まっている。
3のフェイスを出すには、表の2と3のあいだの縦線に沿って折るとよい。

狭い場所に無限を見出す

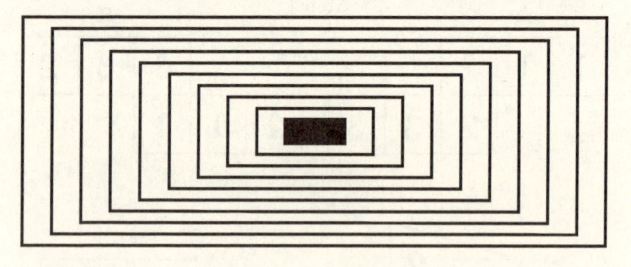

無限を想像できますか？ **無限**とは果てしない量のことだ．無限の概念を把握するのはむずかしい．7という数が7個のリンゴを表すとか，10億（つまり1,000,000,000）という数が壜のなかの砂粒の数を表すとか，そういうことならすんなり理解できる．しかし，**無限量**には終わりがない．無限を実感として理解する非常に面白い方法がある．大きな鏡の真ん前に，もうひとつ小さめの鏡を持って立つのだ．すると，鏡のなかに鏡のなかに鏡のなかに鏡の……と，それが果てしなく続く．

無限量というと非常に広大な空間を占めるにちがいないと思いがちだが，この短い線分ＡＢ，Ａ＿＿＿＿＿＿Ｂ上にも，無限の数の点が存在する．

証明しよう．任意の2点のあいだには，もう1つ別の点がかならず存在する．とすれば，点Ａと点Ｂが線分上にあるとき，そのあいだには点Ｃが存在する．しかし，点ＡとＣのあいだにもやはり別の点が存在するし，点ＣとＢのあいだにも別の点が

存在する．どの任意の2点のあいだにもかならず別の点が存在するわけだから，何度やってもきりがない．したがって，線分AB上には無限の数の点が存在する，ということになる．

また，ノミの話で無限を説明するという方法もある．

半分ノミが向かいの壁まで跳んでいきたいと思う．だが，いつも残りの距離の半分だけしか跳ばないと約束するなら，いつまで経っても向こうの壁には着けないよ，と友だちに言われる．**半分ノミ**は，そんなはずはない，簡単に着けるはずだと言う．彼はまず全体の距離の半分を跳び，残った距離の半分を跳び，さらに残りの半分を跳び……反対側の壁がすぐそこでも，規則は規則だ．1回のジャンプで，残りの距離の半分しか跳んではいけない．やがて**半分ノミ**は気がつく．何度跳んでも残りの距離はなくならず，いつまでもその半分の距離を跳びつづけなくてはならない．彼がついに音をあげるまで，これが永遠に続くのだ．

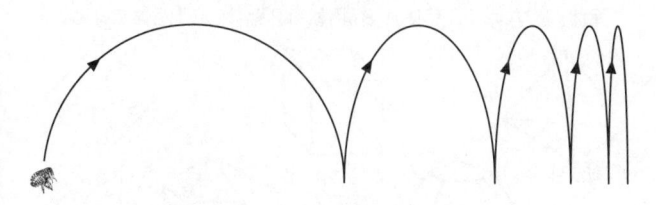

無限は数字で表せない果てしない量だが，広大な空間はもちろん，ごく狭い空間に収まっていることもあるのだ．

プラトンの立体5種

プラトンの立体とは，すべての面が平面で合同な正多角形からなる，凸型の立体のことである．**このような立体は5種類しかない．**

立体という語は，3次元の物体すべてを指す．たとえば岩や豆，球体，ピラミッド，箱，立方体などはみな立体である．この立体のなかに，正多面体と呼ばれる非常に特殊な一群がある．これを発見したのは，古代ギリシアの哲学者プラトンだった．正多面体とは，すべての面が形も大きさも同じであるような立体のことだ．したがって，すべての面が同じ大きさの正方形でできているから，立方体は正多面体である．しかし，この上図の箱は正多面体ではない．すべての面が同じ大きさの方形をしていないからだ．プラトンは，凸型の正多面体は5種類しかあり得ないことを証明した．その5種類とは，4面体，立方体（6面体），8面体，12面体，20面体である．

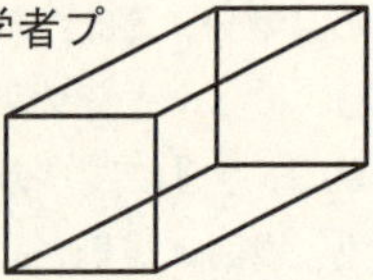

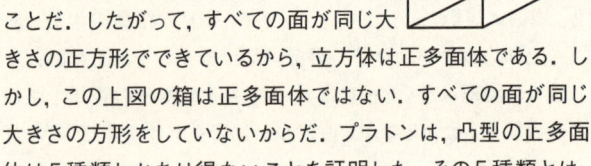

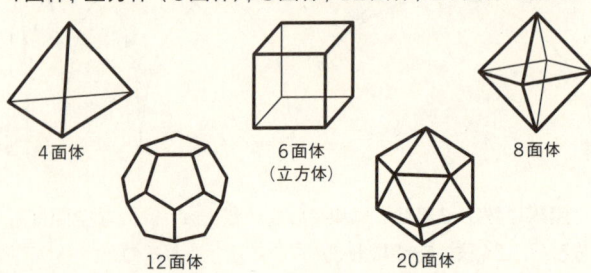

4面体

6面体（立方体）

8面体

12面体

20面体

以下にあげるのは，この5種類の正多面体の展開図である．切り抜いて折り曲げ，3次元の立体が作れるかどうかやってみよう．

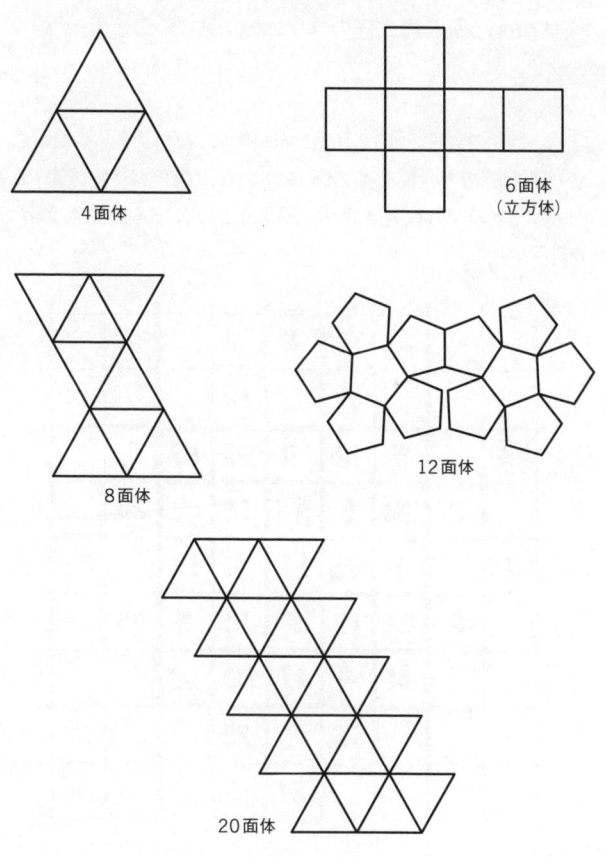

4面体

6面体
（立方体）

8面体

12面体

20面体

ピラミッド法で作る魔方陣

ピラミッド法とは，奇数次の魔方陣を作る手法の1つだ．以下は，5行5列の魔方陣の作りかたの例である．

方法：
1) 1～25の数字を下に示すように斜めに順序よく並べていく．
2) 魔方陣の外，仮想の方陣に書かれた数字は，魔方陣内の該当するマスに置き直す（置き直した数字を白ぬき文字で示す）．

				5			
			4		10		
		3	16	9	22	15	
	2	20	8	21	14	2	20
1		7	25	13	1	19		25
	6	24	12	5	18	6	24
		11	4	17	10	23	
			16		22		
				21			

ケプラー・ポアンソの立体

5種類のプラトンの立体（4面体，6面体すなわち立方体，8面体，12面体，20面体）はプラトンの発見とされているし，アルキメデスの立体はアルキメデスの発見とされている．しかし，ここで紹介する凸型でない立体4種は，古代世界では知られていなかった立体だ．まずケプラーが1600年代初めに2種類発見し，ルイ・ポアンソ（1777〜1859）がその2種類を再発見したほか，1809年には新たに2種類を発見した．今日この立体は，電灯やランプシェードなどによく利用されている．

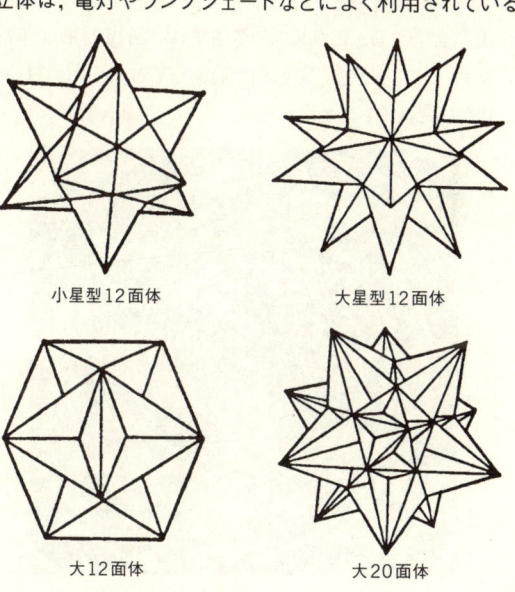

小星型12面体

大星型12面体

大12面体

大20面体

偽らせんの錯視

下の図はらせんのように見えるが,よく見ると同心円の集まりだ.この"方向の単位"による錯視【従来の錯視図は連続的な線で描かれていたが,この図の"線"は視覚的にはっきり区別できる同一のパーツが連なってできている.その各パーツのことをフレーザーは"方向の単位"と表現した】を発見したのはドクター・ジェームズ・フレーザーで,1908年1月,『英国心理学ジャーナル』誌上で初めて発表された.これは"ねじれ紐"効果と呼ばれることも多い.対照的な色の紐2本を縒り合わせて1本の紐にし,それを別の背景のうえに重ね合わせる.これによって生まれる錯視効果は非常に強力なため,指でたどって同心円とわかっても,どうしても渦巻きやらせんに見えてしまうほどだ.

正20面体と黄金方形

　黄金方形は, 非常にさまざまな場面に顔を出す. たとえば建築, 美術, 自然界, 科学, そしてもちろん数学でも. ルカ・パチョーリの著した『神聖比例論』(1509年, レオナルド・ダ・ヴィンチの挿画つき) には, 平面・立体幾何学に見える黄金比の興味深い例が紹介されている. 以下にその一例をあげよう. この図では, 3つの黄金方形が, それぞれほかの2つと互いに左右対称に, かつ直角に交わっている. これらの方形の12の頂点を結ぶと, 図のように正20面体ができる.

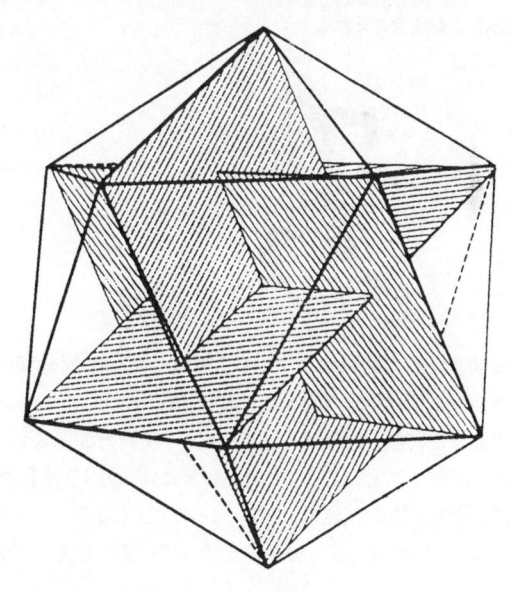

ゼノンのパラドックス—アキレスと亀

パラドックスは，知的な楽しみであると同時に，非常に重要な数学の1部門でもある．パラドックスを前にすると，なにかを証明するときは抜け穴が残らないように細心の注意を払わなくてはならない，ということが非常によくわかる．数学では，数学的概念をできるだけ多くの分野に適用しようとする．つまり，概念を一般化して，より多くの問題をそれで説明しようとするわけだ．一般化は重要だが，それには危険がともなう．細心の注意を払って進めなくてはならない．パラドックスは，その危険をよく教えてくれる．

紀元前5世紀の哲学者ゼノンは，無限や数列や部分和の知識を活かして，有名なパラドックスを生み出した．アキレスと競走することになった亀は，1000メートル前方からスタートすることが許された．ここで，アキレスは亀より10倍足が速いものとする．競走が始まり，アキレスが1000メートル走ったとき，亀はまだ100メートル前を走っている．アキレスがそ

の100メートルを走ったときにも、亀はやはり10メートル前を走っている。

というわけで、アキレスはどんどん亀に近づいてはいくが、決して追いつくことはできないとゼノンは主張した。彼の理屈は正しかったのだろうか。アキレスが亀を追い抜くとしたら、それはどの地点でのことだろうか。

アキレスの追いつく地点については付録を参照。

エウブリデスとゼノンのパラドックス

ギリシアの哲学者エウブリデスは、砂の山を築くことはできないと論じた。つまり、砂1粒では砂の山を築くことはできないし、その最初の1粒にもう1粒加えてもやはり山にはならない。いま砂の山がないところに砂を1粒加えても砂の山にはならないのだから、いつまで経っても砂の山を築くことはできない、というのだ。

同様の理屈を、ゼノンは線分上の点に当てはめた。点に大きさがないとしたら、そこにもう1つ点を足してもやはり大きさはないはずだ。したがって、点をいくら足しても大きさのある図形を得ることはできない。さらにまた、線分は無限の数の点でできているのだから、もし点に大きさがあるとしたら線分の長さは無限になるはずだ、ともゼノンは言っている。

神秘六角形

数学には,人を夢中にさせるテーマが数かぎりなく詰まっている.ここで紹介する定理は,フランスの数学者ブレーズ・パスカルが16歳のときに証明したもの.パスカル本人が"神秘六角形"と名づけている.

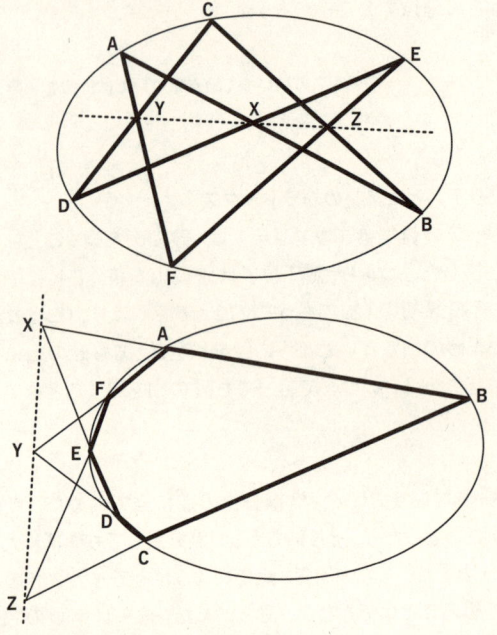

ある六角形が円錐曲線に内接するとき,3組の対辺の交点は同一直線上にある.

硬貨パズル

硬貨で作った三角形を逆三角形にしよう．ただし，硬貨は1度に1つずつ，2つの硬貨に接する位置に動かすこと．

最低3回動かせば完成する．

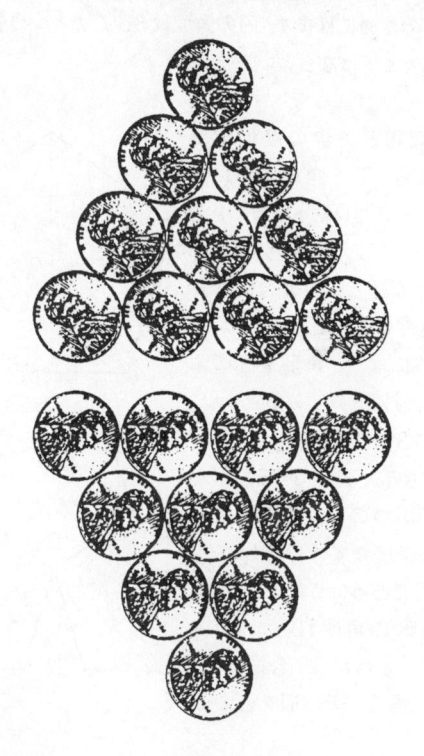

テセレーション

平面のテセレーションとは, 簡単に言えば, 平らなタイルを隙間なく, また重なりあわないように敷きつめることができる, という意味だ. 形状がわかっていれば, 実際にタイルを並べてみなくても, 可能かどうかあらかじめ数学を使って判断できる. そのためにはまず, 円の角度は360°だという数学的事実を知らなくてはならない.

この知識と多少の幾何学で武装したら, 正五角形を床に敷きつめる (テセレートする) 場合を考えてみよう. 正五角形は, 5本の合同な辺と5つの合同な角からできている. 五角形の角度を調べるには, 五角形を図のように三角形に分けてみるとよい. 三角形の3つの角の和はつねに180°になる. また, 正五角形を構成する5つの三角形は, 対応する辺と角度がすべて等しいので合同である. このことから, 五角形の角度108°が求められる. したがって合同な正五角形の場合, 辺と辺を合わせ

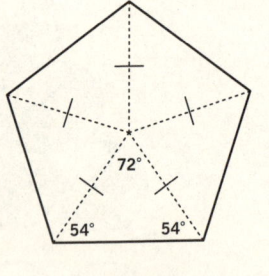

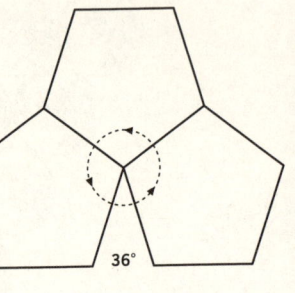

158

て並べようとすると，図のように隙間ができてしまう．正五角形の角度では円，すなわち360°が作れないからだ（108°＋108°＋108°＝324°）．

次に，正三角形を床に敷きつめる場合を考えてみよう．正三角形の角度はいずれも60°である．6つの正三角形で円が完成するから，正三角形ならきれいに敷きつめられることがわかる．

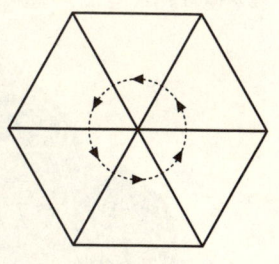

正方形，六角形，八角形，あるいはその組み合わせではどうだろうか．以下に，平面のテセレーションの例をあげる．

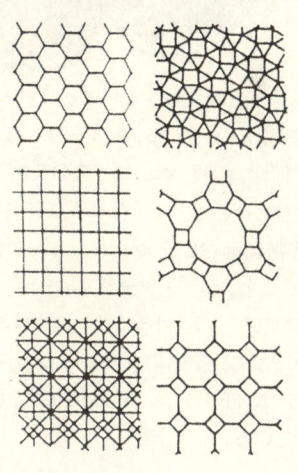

同様に，空間についてもテセレーションは可能だ．つまり，3次元の立体を"敷きつめる"のである．下の図は切頭八面体である．アルキメデスの立体のうち，隙間なく，また別の立体を使わずに，空間を埋めることができるのはこれだけだ．

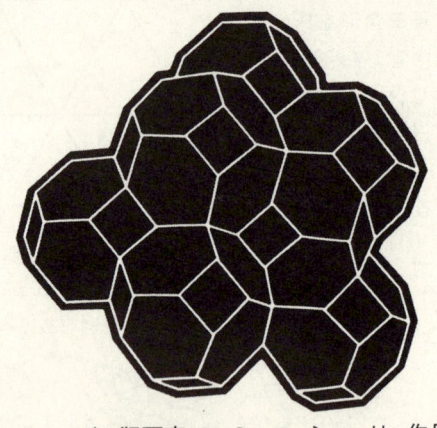

有名なオランダの版画家M・C・エッシャーは，作品に数々の数学的概念を取り入れている．例をあげれば，メビウスの輪，測地線，射影幾何学，錯視，ペンローズの三角形，三つ葉結び，テセレーションなどなどだ．エッシャーの有名な作品には，彼の生み出した非常に面白いテセレーションが使われているものが少なくない．たとえば『メタモルフォーゼ』『騎乗者』『徐々に小さく』『スクエア・リミット』『サークルリミット』などがそうだ．美術だけでなく，空間のテセレーションの研究や応用は，建築，インテリアデザイン，商品の包装といった分野でとくに注目を浴びている．

ディオファントスのなぞなぞ

ディオファントスはよく代数学の父と呼ばれるが,紀元後100年から400年の間に生きていたということを別にすれば,どんな人だったのかほとんどわかっていない.しかし,何歳で亡くなったかということはわかっている.信奉者の1人が,ディオファントスの人生を代数的ななぞなぞにして書き残しているからだ.

ディオファントスの子供時代は人生の6分の1だった.それから人生の12分の1経ったのちにひげを生やした.さらに人生の7分の1が経ってから結婚した.5年後に息子が生まれた.息子は父のちょうど半分の長さの人生を生き,ディオファントスは息子の死のわずか4年後に息を引き取った.このすべての合計がディオファントスの生きた年数である.

ディオファントスのなぞなぞの答えは付録を参照.

ケーニヒスベルクの橋の問題と位相幾何学

　位相幾何学の誕生は1736年のことだ.この年,有名な"ケーニヒスベルクの橋の問題"が解かれたのである.

　ケーニヒスベルク[1]はプレーゲル川のほとりの町だ.川には島が2つあり,7つの橋で結ばれている.川によって島は岸から完全に切り離されていて,橋だけで岸とつながっている.また島と島を結ぶ橋も1つかかっている.日曜日に散歩するとき,この7つの橋をすべて1度ずつ渡れるかやってみる,というのがこの町の人々の習慣になっていた.この問題を解ける者はいなかったが,これに着目したのがスイスの数学者レオンハルト・オイラー(1707〜1783)だった.当時オイラーは,サンクトペテルブルクでロシア科学アカデミーの物理学教授を務めていた.この問題を解く過程で,オイラーは位相幾何学と呼ばれる数学の一部門を生み出した.というのも,この"ケーニヒスベルクの橋の問題"を解くのに彼が用いた方法は,今日でいうネットワーク理論——位相幾何学の1手法だったからだ.ネットワーク理論を用いて,彼はケーニヒスベルクの橋をすべて1度だけ渡るのは不可能だということを証明した.

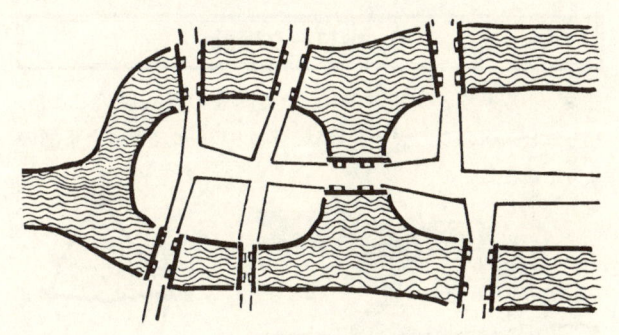

ケーニヒスベルクの橋の問題

　この問題とオイラーの解法によって，位相幾何学は生み出された．位相幾何学は比較的新しい分野だ．他の非ユークリッド幾何学と並んで，盛んに研究されるようになったのは19世紀になってからである．位相幾何学の論文が初めて書かれたのは1847年のことだった．

オイラー

[1] 18世紀，ケーニヒスベルクはドイツの町だった．現在はロシア領．

ネットワーク理論

ネットワークとは基本的に，ある問題の模式図のことだ．ケーニヒスベルクの橋の問題は，ネットワークで表すと下図のようになる．

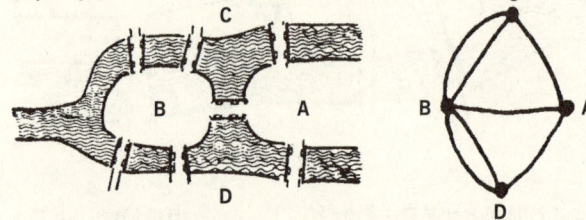

ケーニヒスベルクの橋の問題のネットワーク

 ネットワークは頂点を弧でつないだものだ．すべての弧を1度ずつ通って終点までたどりつけるなら，そのネットワークは一筆書きができる．頂点は何度通ってもかまわない．上の図では，"ケーニヒスベルクの橋の問題"の頂点がA，B，C，Dで示してある．各頂点を通る弧の数に注意——Aは3つ，Bは5つ，Cは3つ，Dは3つである．すべて奇数なので，これらの頂点を奇数次の頂点と言う．弧の数が偶数なら偶数次の頂点と呼ばれる．オイラーは，あるネットワークに存在する奇数次・偶数次の頂点の数と，その場合にネットワークの一筆書きが可能かどうかを研究し，多くの特性を発見した．オイラーがとくに注目したのは，奇数次の頂点がある場合は，その頂点で一筆書きを開始または終了しなくてはならないということだった．とすれば，ネットワークの始点と終点は1つずつしかあり

得ないから，奇数次の頂点が3つ以上あると一筆書きは不可能ということになる．ケーニヒスベルクの橋の問題では，奇数次の頂点が4つあるから，一筆書きはもともと不可能だったわけだ．

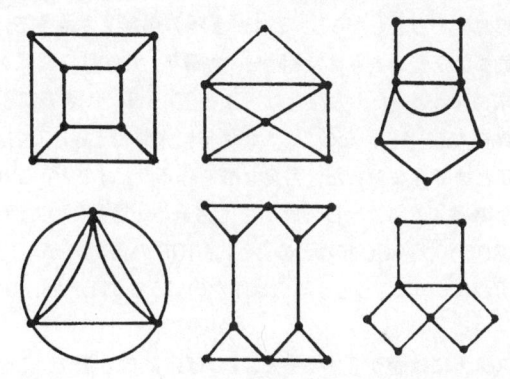

上のネットワークのうち，一筆書きができる（同じ線を2度以上たどらずにすべての線をたどれる）のはどれだろうか．

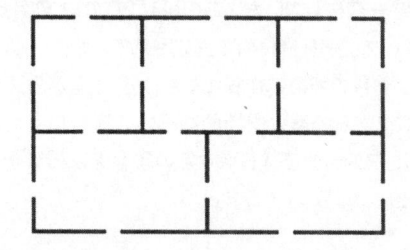

鉛筆を紙から離さずに，すべてのドアを1度だけ通るルートが書けるだろうか．ネットワークを描いて，解を証明してみよう．

アステカの暦

　最も古く，最も重要な計算機の1つ——それが暦だ．暦は月日の経過を計り，記録するシステムである．自然は規則的な季節の移り変わりをもたらし，それが食物の供給を左右する．そこに気づいた昔の人々は，太陽日，太陽年，太陰月の関係を正確に求めようとした．太陰月はおよそ29.5日，太陽年は365日5時間48分46秒なので，1太陽年に太陰月をきりよくはめ込むことはできなかった．完全な暦を作ろうとすると，これが大きな障害になる．今日の暦でさえ完全とは言えない．1700年，1800年，1900年などのように，100の倍数だが400で割り切れない年は，うるう年のはずなのにうるう日がないのだ．

　アステカには暦が2つあった．1つは宗教的な暦で，これは太陰月や太陽年とはまったく関連していなかった．儀式のために使われる暦であり，アステカの人々は自分の生まれた日の呼称を名前の一部にしていた．この暦は20の絵文字と13の数から成っていて，260日周期で固定されていた．いっぽう，もう1つの暦は農耕のために作られたもので，1年が365日になっていた[1]．こちらの暦は周期的な天体の運行に基づいて調整されており，アステカでは日蝕などの現象を正確に予測することができた．

---

[1] アステカ文化には，トルテック文化やマヤ文明から受け継いだ部分が少なくないが，暦にもかなりその影響が見られる．

これはアステカの太陽石または暦石と呼ばれるもので, 1790年, メキシコ・シティで大聖堂の修復工事がおこなわれたときに発見された. 大聖堂は, 古代の都市テノチティトランのピラミッド神殿あとに建てられていたのだ. 直径360センチ, 重さ26トンのこの円盤には, アステカの世界観に基づく世界の歴史が記録されている.

中央に刻まれているのは太陽神 (トナティウ) で, その周囲に見える4つの四角は, 4つの太陽すなわち創世神話の世界 (トラ, 水, 風, 火の雨) だ. これはアステカ族誕生以前の時代を表している. この部分にはまた, 動きのシンボルも刻まれている. そのぐるりを囲む帯状の部分には, 20の絵文字が刻まれている. この絵文字はワニ, 風, 家, トカゲ, 蛇, 死, 鹿, ウサギ, 水, 犬, サル, 草, 葦, ジャガー, ワシ, ハゲタカ, 地震, 火打ち石, 雨, 花の意味で, アステカ月の20の日を表している.

不可能な三題

数学の問題の美しさは,その解にあるのではなく,解にいたる手法にある.この問題には解がないというのが最終的な解だとわかる場合もある.解がないのが解とは期待外れに思えるかもしれないが,その結論にいたるまでの思考過程がみごとという場合も多いし,その過程で思いもかけない新しい発見がなされることもある.有名な古代の3大作図問題の場合がそうだった.3大作図問題とは,

角の3等分問題——
　与えられた角を3等分する.
倍積問題——
　与えられた立方体の2倍の体積を持つ立方体を作図する.
円積問題——
　与えられた円と面積の等しい正方形を作図する.

2000年以上にわたって,これらの問題は数学者を刺激し,新たな発見をうながしてきた.この3大作図問題について,直定規とコンパスだけで解くのは不可能と結論が出たのは19世紀のことだ(ここで言う"直定規"には,目盛りなどのしるしはついていない.ふつうの定規とは違うので注意).直定規を使って作図できるのは直な線分であり,これに対応する等式は1次式(例:$y = 3x - 4$)である.いっぽうコンパスで作図できるのは円と円弧で,これに対応する等式は2次式(例:x^2

＋y^2＝25）である．ある問題が一次結合により連立式で解けるのは，その問題から導かれる式が最大で2次式までのときである．しかし，この3大作図問題を代数的に解くと，導かれる式は1次式や2次式ではない．3次式であったり，超越数が関わってきたりする．したがって，コンパスと直定規だけではこれらの問題を解くことはできないのである．

角の3等分問題

135°や90°といった特定の角度なら，コンパスと直定規だけで3等分することができる．しかし，与えられた任意の角度，となると不可能だ．なぜなら，この問題を解くのに用いる式は，$a^3 - 3a - 2b = 0$という形の3次式になることが証明できるからである．

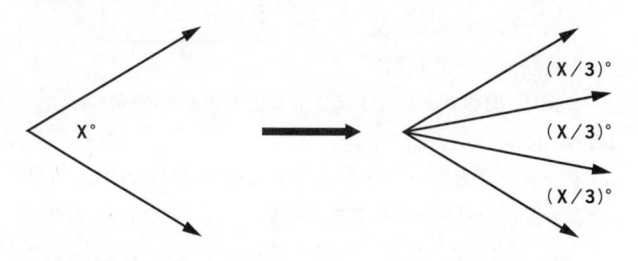

倍積問題

立方体を2倍にする，つまり体積を2倍にするためには，辺の長さを2倍にすればいいと思うかもしれない．だがその場合，体積はもとの立方体の8倍になってしまう．

2倍にしようとする立方体の体積＝a^3

この立方体を2倍にするには，その体積がもとの2倍，つまり$2a^3$の立方体を求めなくてはならない．

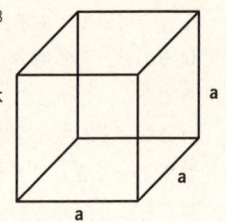

$x^3 = 2a^3$ すなわち $x = a\sqrt[3]{2}$

というわけで，やはり3次式が必要になり，コンパスと直定規だけでは作図できないことがわかる．

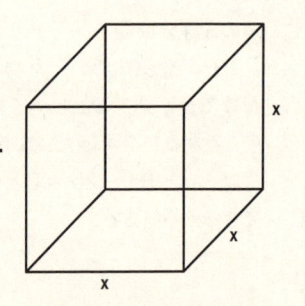

円積問題

半径 r の円があるとき，その面積はπr^2である．

つまり，面積がπr^2であるような正方形を作図すればよいことになる．

$x^2 = \pi r^2$のとき，$x = r\sqrt{\pi}$となる．πは超越数なので，有理演算と実数の根という有限数で表すことはできない．したがって，コンパスと直定規だけを使って円を正方形にすることはできない．

```
        x
   ┌─────────┐
   │         │
 x │         │ x
   │         │
   └─────────┘
        x
```

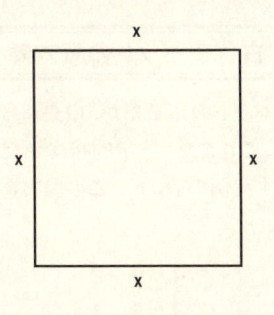

　以上見てきたように，古代の3大問題はコンパスと直定規だけでは作図不能だった．だがここで重要なのは，この問題を解くために独創的な手法や器具が生み出されてきたことだ．また同様に重要なのは，何世紀にもわたって，これらの問題が数学の進歩をうながしてきたということである．たとえば，ニコメデスのコンコイド，アルキメデスのらせん，ヒッピアスの円積曲線，円錐曲線，3次・4次曲線，超越曲線などは，これら古代の3大作図問題から生まれてきた概念である．

古代チベットの魔方陣

これは古代チベットの印章だが,中央に3行3列の魔方陣が刻まれている.これまた,数学的概念が文化や国境に縛られないことを示す実例の1つだ.この魔方陣に使われている数字は以下のとおり.

```
4 9 2
3 5 7
8 1 6
```

周囲の長さ,面積,無限級数

下の図は,三角形の各辺の中点を結んで内接三角形を次々に作図したものだ.これをくりかえせば無限の数の三角形を描くことができる.これらの三角形の周囲の長さの和を求めるには,以下の数列を解かなくてはならない.

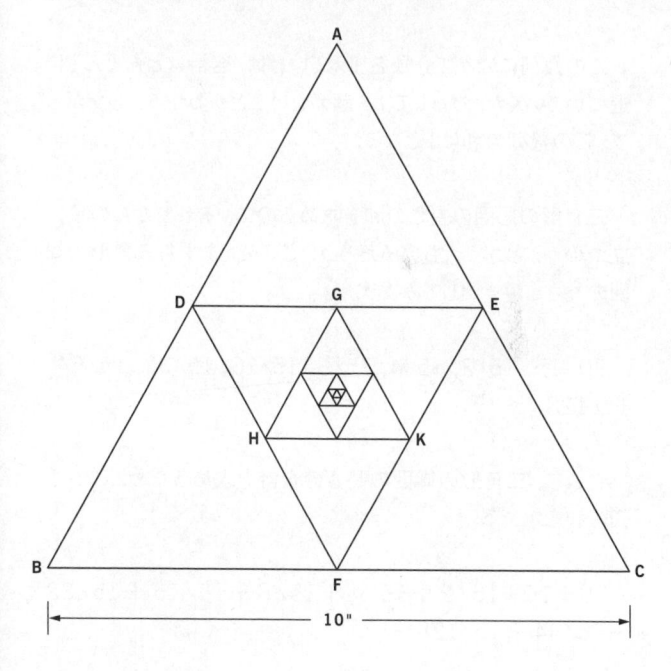

$1/2 + 1/4 + 1/8 + 1/16 + 1/32 + 1/64 + 1/128 + \ldots$

これらの分数の和は，数直線を書いてみれば求められる．

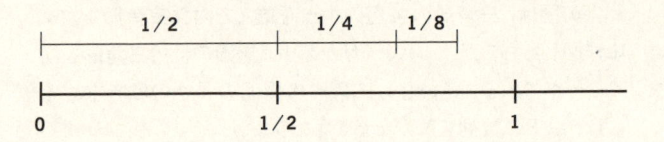

```
      1/2        1/4   1/8
├─────────────┼──────┼───┤
├─────────────┼──────────┤
0            1/2         1
```

この数列に次々に分数を加えていけば，合計はどんどん1に近づいていくが，けっして1を超えないことがわかる．したがって，この数列の和は1となる．

三角形の周囲の長さの和を求めるのに，それがなんの役に立つのか，と思う人もいるだろう．ここで，まず各三角形の周囲の長さを書き出してみよう．

30, 15, 15/2, 15/4, 15/8, 15/16, 15/32, 15/64, 15/128, …[1]

ここで，三角形の周囲の長さの合計を求めるため，この数列の和を求める．

30＋15＋15/2＋15/4＋15/8＋15/16＋15/32＋15/64＋15/128＋…

整理すると，

45＋15(1/2＋1/4＋1/8＋1/16＋1/32＋1/64＋1/128＋…)

ここで，数列の和の値1を代入すると，

45＋15(1)＝45＋15＝60　これが周囲の長さの和である．

これらの三角形の面積の和を求めるのも面白い問題だ．その場合は，また別の無限級数の和を求めることになるだろう．

---

[1] この値を求めるのには，「三角形の2辺の中点を結ぶ線分の長さは，その対辺の長さの半分である」という幾何学の定理を使っている．

チェッカー盤の問題

チェッカー盤の向かいあう2つの隅のマスを取り除いたら, このチェッカー盤にドミノ牌を敷きつめることができるだろうか.

ドミノ牌の大きさは, チェッカー盤のマス2つ分とする. ドミノ牌は重ねず, 平らに置かなくてはいけない.

☞ "チェッカー盤の問題" の解答は付録を参照.

パスカルの計算機

　ブレーズ・パスカル（1623～1662）は，フランスの生んだ名高い数学者にして科学者の1人である．彼が発見したとされる数学や科学の理論は数多く，たとえば確率論，液体および液圧の理論などもそうだ．そのうえ，18歳で独自に計算機まで発明している．桁の大きな数の加算をおこなう機械だった．パスカルのこの発明は，現代の計算機のもととなる基本原理の発展に役立った．

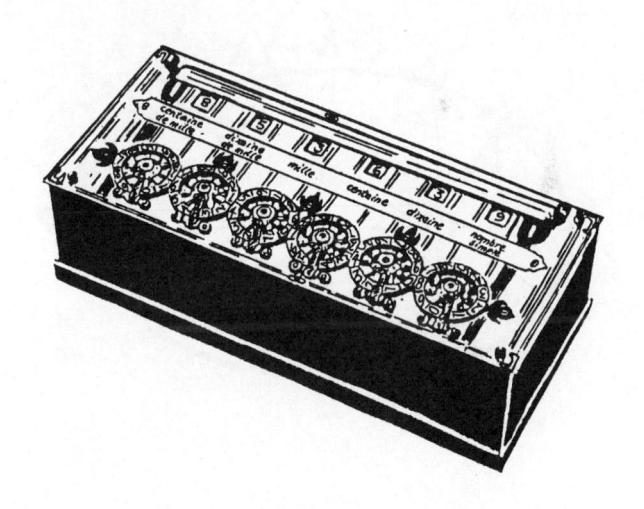

アイザック・ニュートンと微積法

アイザック・ニュートン（1642〜1727）は，微積法および重力理論の生みの親の1人だ．彼は数学の天才ではあったが，神学の研究に没頭していた期間も長かった．1665年，通っていたケンブリッジ大学が腺ペストのために閉鎖されると，彼は自宅にこもり，微積法を発展させ，重力理論を生み出し，またその他の物理学的な問題の研究に励んだ．だが残念ながら，この時期の研究成果が公表されたのは39年後のことだった．

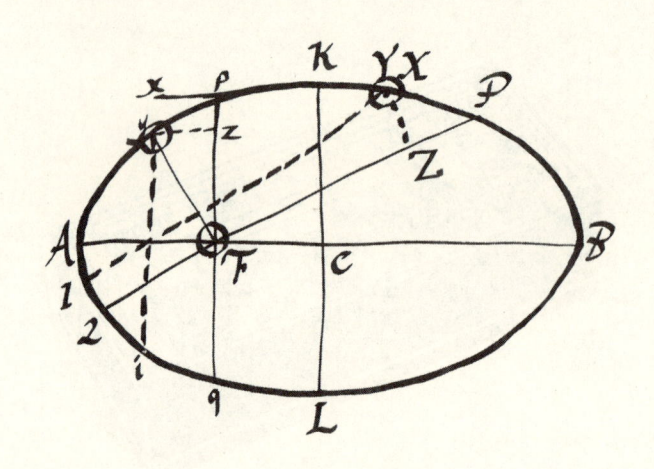

ニュートンの描いた図の1つ．
楕円軌道をとる天体への重力の影響を示す．

日本の微積法

つい忘れてしまいがちだが，数学は世界各地のさまざまな文化圏で同時に発達していた．たとえば，17世紀の日本の数学者・関孝和は，日本式の微積法を発達させた人とされている．この微積法は円理と呼ばれていた．下の図は，関孝和の弟子が1670年に描いたもの．一連の長方形の面積の和を求めることによって，円の面積が求められることを示している．

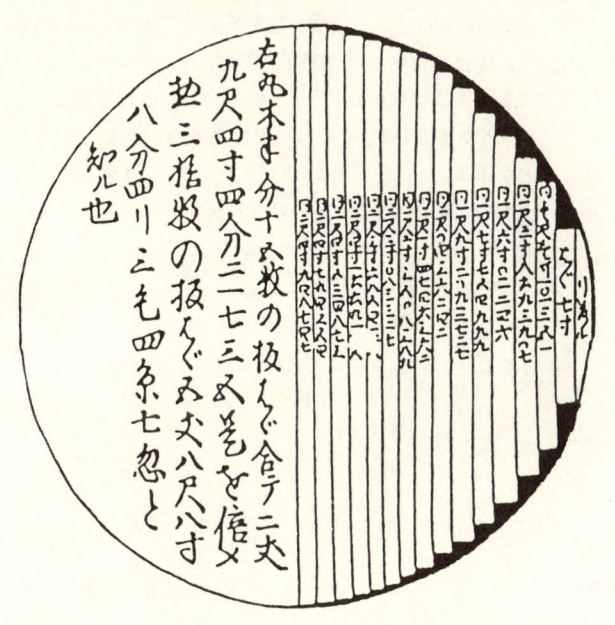

1＝2の証明

論理的思考は，日々さまざまな場面で重要な役割を果たす．たとえばなにを食べるか決めるときでも，地図を見るときでも，プレゼントを買うときでも，そしてまた幾何学の定理を証明するときでも．問題解決にはさまざまなコツや技術が動員されるが，解決に至るまでの論理に1つでも傷があれば，突拍子もない結論が出てしまうことがある．たとえばコンピュータ・プログラムなら，1つ間違いを見落としただけで無限ループが起きたりする．自分の説明や解や証明を見て，そんなばかなと思ったことのある人はいないだろうか．数学では"ゼロで割る"というのはよくある誤りで，そのせいで途方もない結論が出てしまうことがある．下の証明では"1＝2"という結果が出ているが，どこに間違いがあるかわかりますか？

1＝2？

$a = b$で，かつ$b, a > 0$であれば，$1 = 2$が成り立つ．

証明

1) $a, b > 0$ 　　　　　　　　　仮定より
2) $a = b$ 　　　　　　　　　　仮定より
3) $ab = b^2$ 　　　　　　　　 2)の両辺にbをかける
4) $ab - a^2 = b^2 - a^2$ 　　 3)より

5) $a(b-a) = (b+a)(b-a)$　　4)の因数分解
6) $a = (b+a)$　　5)の両辺を割る
7) $a = a+a$　　2)を6)に代入
8) $a = 2a$　　7)より
9) $1 = 2$　　8)の両辺をaで割る

"1＝2の証明" の誤りについては付録参照.

結晶の対称性

自然現象には反復や対称性があふれている.1912年,物理学者マックス・フォン・ラウエは,球状の結晶にX線を照射し,透過したX線を写真乾板に当てるという実験をおこなった.写真乾板に現れた暗い点々は,完璧な対称性を示していた.その点と点をのちに結んで得られたのが下の図である.点がこのように現れるのは,結晶の対称性のためである.

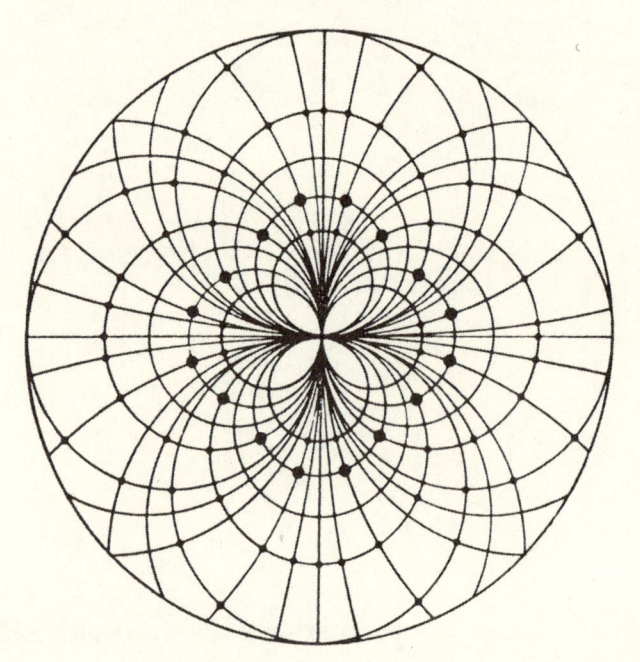

音楽と数学

音楽と数学は古くから結びついていた．中世には，算数と幾何と天文学と音楽が1つの学科としてまとめられていたほどだ．そして現代では，コンピュータのおかげでその結びつきは切っても切れないものになっている．

数学が音楽に影響を与えていることは，なによりもまず総譜を見ればすぐわかる．楽譜には，拍子（4分の4拍子，4分の3拍子など），テンポ，全音符，半音符，四分音符，八分音符，十六分音符などが書かれている．1つの小節に x 個の音符を当てはめて曲を書いていくのは，公分母を探す過程に似ている．長さの違う音符を，決まった拍子で特定の小節に当てはめていかなくてはならないわけだから．にもかかわらず，作曲家は総譜の固定的な構造に，美しく，また無理なく音符を当てはめて曲を書いていく．完成した作品を分析すると，どの小節も規定どおりの拍子でできていて，それをさまざまな長さの音符が構成している．

このあまりに明らかな関係のほかにも，比率や指数曲線や周期関数，そしてコンピュータ科学も，音楽と深い関係がある．比率に関しては，この面で音楽と数学との関係に初めて気づいたのはピタゴラス学派（前585〜400）だった．弦をはじいたと

きに鳴る音は弦の長さによって決まることに気づき、かれらはそこから和音と整数との関係を発見した．また調和音を得るには，長さが整数比の弦をぴんと張って鳴らせばよいということも発見した．というより，弦を鳴らしたときの調和音の組み合わせは，整数比として表すことができると言ったほうがよい．弦の長さを整数比で長くしていけば，それで音階が作れる．たとえば，C（ド）の音を出す弦から始めて，その16／15の長さならB（シ），Cの6／5はA（ラ），4／3はG（ソ），3／2はF（ファ），8／5はE（ミ），16／9はD（レ），2／1なら1オクターヴ低いCになる．

　グランドピアノがなぜああいう形なのか，不思議に思ったことはないだろうか．実を言えば，楽器の多くは，その形状や構造に数学的概念が反映されているのだ．指数関数や指数曲線がそのよい例である．指数曲線とは，$y = k^x$（ここで$k > 0$）の形の等式で表される曲線だ．たとえば$y = 2^x$がそうだ．それをグラフにすると右の図のようになる．

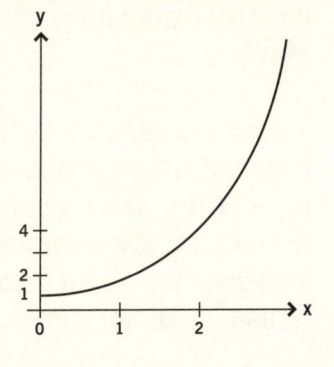

弦楽器や空気の管でできた楽器は、その構造に指数曲線が反映されている.

楽音の性質の研究は、19世紀の数学者ジャン・フーリエの業績によって完成を見た. フーリエは、あらゆる楽音——楽器の音であれ人の声であれ——は数学的に表現できることを証明した. つまり、単純で周期的なサイン関数の和として表現できるのである. 音はみな3つの特性を持つ. すなわち音高, 大きさ, 音質であり, これによって音は区別できる.

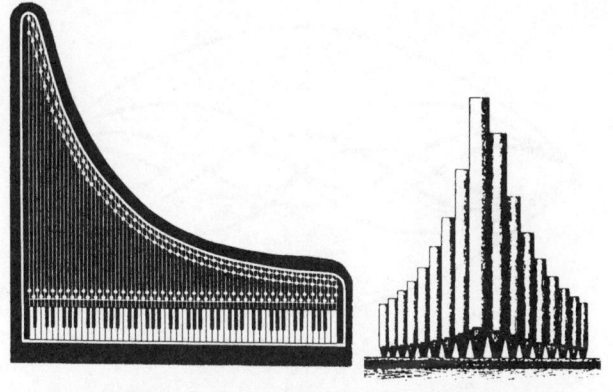

グランドピアノの弦と、パイプオルガンのパイプには、指数曲線の輪郭が見てとれる.

フーリエの発見によって、音の持つこれら3つの特性をグラフに表現したり、明確に区別したりすることができるようになった. 音高はグラフの周波数で決まり、大きさは振幅, 音質は周期関数の形状で決まる.

音楽と数学の関係が理解されていなかったら,コンピュータを用いた作曲や楽器設計の分野が生まれてくることはなかっただろう.周期関数という数学的発見は,楽器の現代的なデザインや音声駆動コンピュータの設計に不可欠だった.多くの楽器メーカーは,その楽器の理想とされる音の波形と,自社製品の波形とを比較して評価している.音楽の電子的な再生の忠実度も,音の波形と密接に関係している.音楽を生み出すのにも再生するのにも,数学者は音楽家に劣らず重要な役割を果たしつづけるだろう.

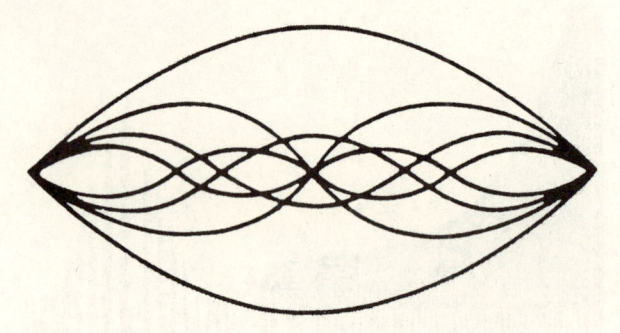

この図は、ある弦が全体に振動したとき、および細かく振動したときの波形を示している。最も大きな振動が音高を決め、小さな振動は倍音を生み出す.

数の回文

"回文"とは,語句,短文,数などのうち,前から読んでも後ろから読んでも同じになるものを言う.たとえば,

(1) madam, I'm Adam
【初めまして,私はアダムです,の意.アダムが初めてイヴに話しかけたときの言葉,という設定である.ちなみに madam は女性一般に対する敬称で,「奥さん」という意味ではない】
(2) dad
(3) 10,233,201
(4) "Able was I ere I saw Elba"
【「エルバ島を見るまで私は強かった」——エルバ島に流されたときのナポレオンの言葉という設定】

ここで,面白い数の遊びを紹介しよう.

任意の整数を選び,その桁を引っくり返して作った数をそれに加える.その合計に,その合計の桁を引っくり返した数を加える.これをくりかえすと,しまいに数の回文ができる.

どんな整数でやっても,かならず数の回文ができるだろうか.

```
  1284
+ 4821
------
  6105
+ 5016
------
 11121
+12111
------
 23232
```

抜き打ちテストのパラドックス

来週の平日5日のうちにテストをする，と教師が言った．しかし，「当日の午前8時に，今日の午後1時にやると私が言うまで，きみたちはいつテストがあるかわからない」と．

この抜き打ちテストが実施されるはずはない．それはなぜでしょう．

"抜き打ちテストのパラドックス" の答えは付録を参照．

バビロニアの楔形文字の文献

メソポタミアの粘土板と楔形文字をバビロニアが採り入れたのは，おそらくパピルスのような記録媒体が入手できなかったからだろう．バビロニアは60進の位取り記数法をとっており，それを表記するのに1を表す Y と10を表す ◁ という2つの記号を使っていた．◁Y は，60×1＋10＝70を表す．バビロニアの粘土板を見れば，その記数法を用いて高度な計算がおこなわれていたことがわかる．ここにあげた粘土板はハンムラビ王時代（前1700年代）のもので，長さと幅と面積の問題とその解が書かれている．

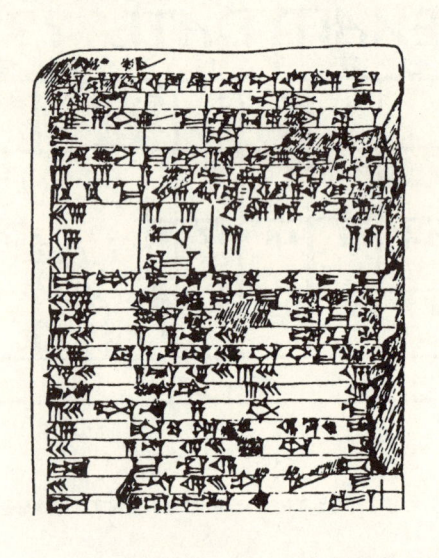

アルキメデスのらせん

植物のつる,貝殻,竜巻,台風,松ぼっくり,銀河,渦潮など,らせんは自然界のいたるところに見られる.

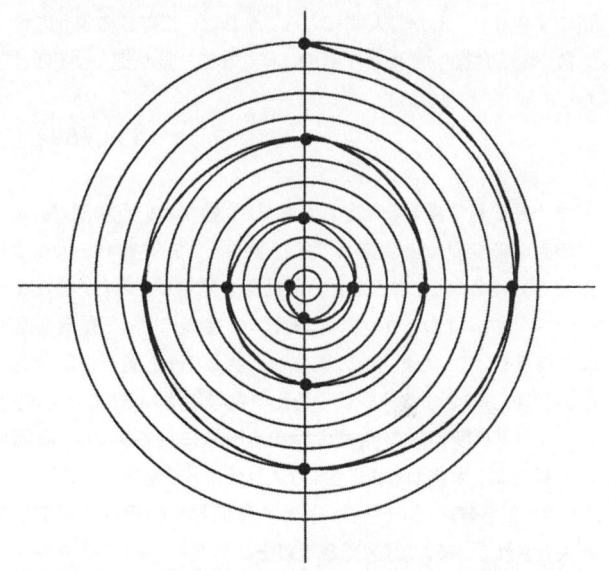

アルキメデスのらせんは2次元のらせんだ.これをイメージするには,らせんの中心すなわち極を通る直線を考え,その直線を這っていく虫を想像するとよい.虫は一定の速度で這い進み,いっぽう直線のほうはやはり一定の速度で極を中心に回転している.このとき虫の這っていく軌跡は,アルキメデスのらせんを描くことになる.

数学的概念の発達

　一般的には天体，具体的には彗星にとって，3000年というのは大した期間ではない．永遠という時間のなかでは瞬きの間にすぎない．しかし人間にとってみれば，ご存じのように私は数学教師だが，それでも3000年なんて"気が遠くなるほどたくさん"でしかない！

　　　　　　　　　　　　　　　　——フラマリオン，1892年

　つい長い目で見るのを忘れがちだが，数学という学問は，太古の人々の発見から生まれてきた学問だ．先史時代，人々は食物を分けあうことから数という概念を発見したのだ．どんなに小さくとも，1つ1つの発見が数学の進歩にとって重要な意味を持っている．ただ1つの概念を研究して一生過ごす数学者もいれば，さまざまな分野に手を出す数学者もいる．たとえば，ユークリッド幾何学の発達の歴史を簡単に見てみよう．幾何学の概念は，大昔からさまざまな人々によって発見されてきた．タレス（前640～546）は，初めて幾何学を論理的に研究した人とされている．以後300年以上にわたり，多くの人々がタレスの例にならい，その結果，いま高校で教わる幾何学的概念の多くが発見された．そして前300年ごろユークリッド（エウクレイデス）が現れて，それまでに生み出された幾何学的概念をまとめて体系化した．それは途方もない仕事だった．幾何学に関わるあらゆる情報を，1つの数学的体系にまとめあげたのだ．そしてそれが，いま"ユークリッド幾何学"として知

られるようになっているわけだ．著作『幾何学原本』において，彼はその情報を論理的な発展の軸に沿って整理した．2000年以上前に書かれたこの『幾何学原本』は，今日の数学者が細かく見れば完璧にはほど遠い数学体系だ．それでもなお，いまも傑出した業績であることに変わりはない．

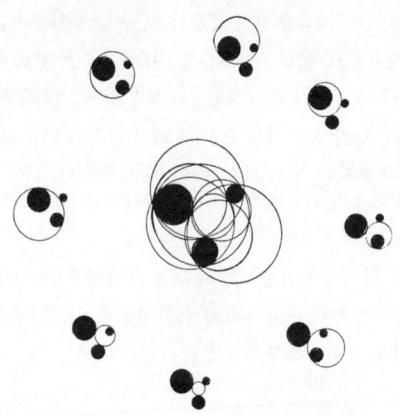

アポロニオスは，ユークリッドの著作に触発されて，円錐，天文学，弾道学の分野で数学に歴史的な貢献を果たした．上の図は，彼が取りあげた興味深い問題の1つを図示したものだ．その問題とは，

<blockquote>
3つの固定した円があるとき，
そのすべてに接する円を求めよ．
</blockquote>

上の図は，この問題に対する8つの解を示したものである．

4色問題——
位相幾何学が引っくり返す地図塗り分け問題

地図制作に関しては，昔から説明のつかない規則が1つあった．平面であれ球面であれ，そこに地図を描いて国々を塗り分けるとき，色は4色あれば足りる，というのがその規則だ．この有名な4色問題は，1976年，イリノイ大学のK・アッペルとW・ハーケンによるコンピュータを使った証明で決着を見た．しかし，かれらの証明を疑問視する声はいまも絶えない【プログラムが複雑で，第三者による検証が困難だったため．アルゴリズムの改良などにより，いまでは正しいと認められている】．

平面上に描かれた地図で，隣接する領域を別々の色で塗り分けるには，つねに4色あれば十分である．4色問題とは，この命題の正しさを証明することだった．

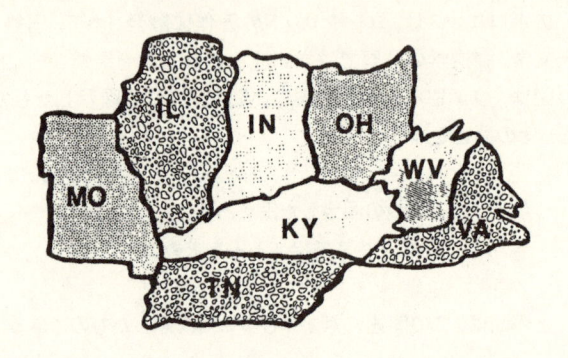

ここでひねりを加えるため、さまざまな位相幾何学的モデルの地図塗り分けを考えてみよう。位相幾何学では、ドーナツ形、プレッツェル形、メビウス形の面など、突飛な形状の面が研究される。球の場合、穴をあけて引っぱって平たく延ばせば、平面に変形することができる。したがって、平面であれ球面であれ、塗り分けるのに必要な色の数が同じなのは当然だ。位相幾何学で研究対象になるのは、図形に備わった性質のうち、変形されても（ゴムの上に描かれたもののように、引き伸ばしたり縮めたりしても）変化しない性質である。このような条件のもとで、変化せずに残る性質とはどんなものだろう。変形が許されているわけだから、大きさや外形や剛体などは扱えない。位相幾何学で注目する性質としては、ある曲線の内外にある点の位置や位置関係、ある立体の表面の数、ある図形が単純な閉曲線かどうか、またその図形の持つ内側と外側の領域の数などがある。というわけで、これらの位相幾何学的図形の場合、地図塗り分け問題はまったく新しい問題になる。4色問題の解、つまり4色定理はこれらの図形には当てはまらないからだ。

　細長い紙でさまざまな地図塗り分けを試してみよう。次に、その紙をねじってメビウスの輪にする（半ひねりして、いっぽうの端の表側ともういっぽうの端の裏側を接着

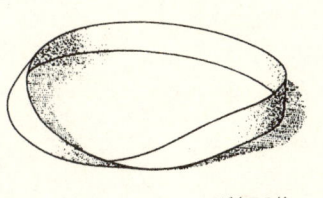

メビウスの輪

する). この場合, 4色でいつも十分というわけにはいかないだろう. 同じことをトーラス(ドーナツ形)で試してみよう. この立体で実験するには, 平らな紙でドーナツ形を作るさまを想像してみるのが簡単だ. 紙の片面に地図を描いて色を塗り, それを筒にする. その筒を丸く曲げて, 端と端をつないでドーナツ形にするところを想像してみよう. トーラスの場合, 地図塗り分けに何色必要になるかわかりますか？

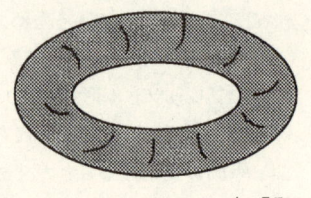

トーラス

絵画とダイナミック・シンメトリー

自然界には対称な形をしたものが多い．木の葉，蝶，人間の身体，雪の結晶などがそうだ．しかし，非対称な形の自然物もまた少なくない．たとえば鶏卵，蝶の片羽，オウムガイ，ウミタナゴなどだ．これらの形状は非対称的ながら，その形のなかに美しいバランスが保たれているというので，最近ではこれを"ダイナミック・シンメトリー"と呼ぶようになっている．ダイナミック・シンメトリーを持つ形状のものには，すべて黄金方形[1]や黄金比を見出すことができる．

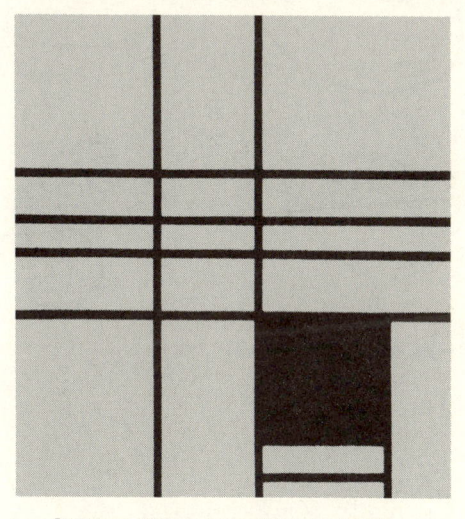

『黄色のコンポジション』（モンドリアン画，1936年）
カンバスに向かうとき，モンドリアンはつねに黄金方形を念頭に置いていたと言われる．

黄金比や黄金方形を美術に応用することを"ダイナミック・シンメトリー法"という．アルブレヒト・デューラー，ジョルジュ・スーラ，ピエト・モンドリアン，レオナルド・ダ・ヴィンチ，サルヴァドール・ダリ，ジョージ・ベローズはみな，黄金方形を用いてダイナミック・シンメトリーを生み出した作品を描いている．

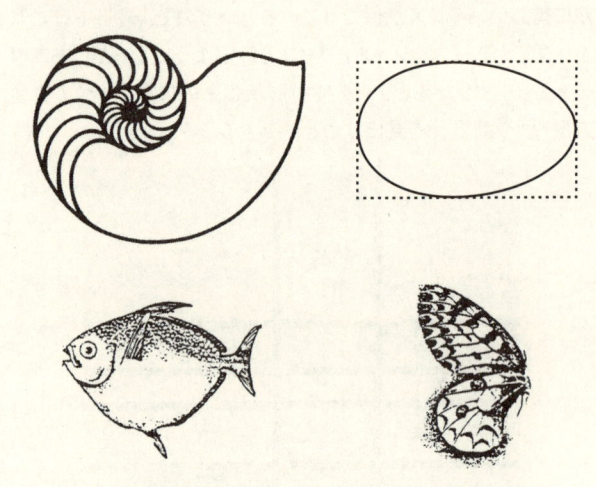

オウムガイ，鶏卵，ウミタナゴ，蝶の片羽のダイナミック・シンメトリーを示す図

---

[1]「黄金方形」の節（138ページ）参照．

超限数

次の集合には, いくつ元があるかわかるだろうか.

$$\{a, b, c\}$$
$$\{-1, 5, 6, 4, 1/2\}$$
$$\{\ \}$$

上から順に答えは3, 5, 0だが, 実はこれは "集合の濃度" と言われるものである.

さて, 次の集合にはいくつ元があるだろうか.

$$\{1, 2, 3, 4, 5, \cdots\}$$

無限個と答えた人, それだけではじゅうぶんではない. 無限集合にはさまざまな種類があるからだ. というより, 無限集合の濃度(元の数)を意味する "超限数" は無限に存在するのである.

その名が示すとおり, 超限(限りを超える)数とは無限個を意味する "数" である. 有限の数では, 無限集合を正しく表現することができない. 2つの集合の濃度が等しいと言えるのは, いっぽうの集合の元をもういっぽうの集合の元と対にして消していったとき, しまいにどちらの集合にも元が1つも残ら

なくなる場合である．たとえば，

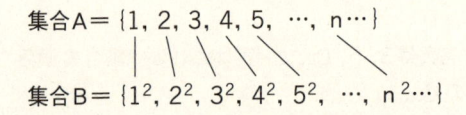

{a，b，c，d}
 │　│　│　│　　　の濃度は4，すなわちどちらの集合にも元が
{1，2，3，4}　　　4つある．

集合A＝ {1, 2, 3, 4, 5, …, n…}
集合B＝ {1^2, 2^2, 3^2, 4^2, 5^2, …, n^2…}

集合Aと集合Bの濃度は同じである．2つの集合の元は，上に示すようにすべて対にして消すことができるからだ．しかし，ここには矛盾があるような気がしないだろうか．集合Aには完全な平方数でない数も含まれているのに，なぜ平方数の集合Bと元の数が等しくなるのだろう．

19世紀のドイツの数学者ゲオルク・カントールは，新しい数体系――無限集合を扱うための――を生み出してこの矛盾を解決した．彼は $\aleph$（アレフ――ヘブライ文字の最初の文字）を無限集合の元の"数"として採用した．とくに $\aleph_0$（アレフ・ヌル）は，無限集合の濃度のうち最も小さいものを表す．

$\aleph_0$ が表すのは、以下の集合の元の数である.
nは正の整数を表す

正の整数 = $\{1, 2, 3, 4, 5, \cdots, n, \cdots\}$
自然数 = $\{0, 1, 2, 3, 4, 5, \cdots, n-1, \cdots\}$
正の整数 = $\{+1, +2, +3, +4, +5, \cdots, +n, \cdots\}$
負の整数 = $\{-1, -2, -3, -4, -5, \cdots, -n, \cdots\}$
整数 = $\{\cdots, -3, -2, -1, 0, 1, 2, 3, \cdots\}$
有理数

これらの集合をはじめとして、正の整数と対にして消すことのできる集合はみな、その濃度は $\aleph_0$ であるものと考えられる.

以下の例は、正の整数との1対1対応をとる方法を示している.

$\{1, 2, 3, 4, 5, \cdots, n, \cdots\}$ 正の整数
 | | | | | \
$\{0, 1, 2, 3, 4, \cdots, n-1, \cdots\}$ 自然数

$\{1,\ 2,\ 3,\ 4,\ 5,\ 6,\ 7,\ 8,\ 9,\ \cdots\}$ 正の整数

$\{1/1,\ 2/1,\ 1/2,\ 1/3,\ 2/2,\ 3/1,\ 4/1,\ 3/2,\ 2/3,\ \cdots\cdots\}$

有理数

以下の表は，有理数の集合の元を，正の整数の集合の元と対にする配列法を示す．

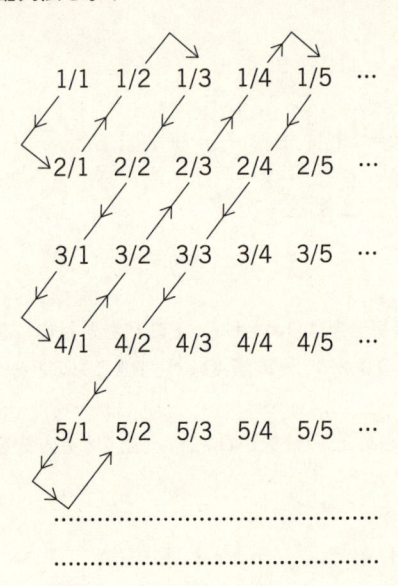

$$
\begin{array}{ccccc}
1/1 & 1/2 & 1/3 & 1/4 & 1/5 & \cdots \\
2/1 & 2/2 & 2/3 & 2/4 & 2/5 & \cdots \\
3/1 & 3/2 & 3/3 & 3/4 & 3/5 & \cdots \\
4/1 & 4/2 & 4/3 & 4/4 & 4/5 & \cdots \\
5/1 & 5/2 & 5/3 & 5/4 & 5/5 & \cdots \\
\end{array}
$$

これは，カントールが発明した有理数の配列法である．この方法なら，すべての有理数が配列のどこかにかならず現れる．

カントールはまた，これらの超限数を用いた演算法をすべてゼロから生み出した．

$$\aleph_0, \aleph_1, \aleph_2, \aleph_3, \cdots, \aleph_n, \cdots$$

また，以下が正しいことを証明した．

$$\aleph_0 < \aleph_1 < \aleph_2 < \aleph_3 < \cdots < \aleph_n, \cdots$$

さらに，実数，直線上の点，平面上の点，および3次元以上の任意の次元に存在する点の濃度は，いずれも $\aleph_1$ となることも証明している．

論理パズル

ここで紹介するのは，8世紀の文献にも見える古い論理パズルだ．

ある農夫が，ヤギとオオカミとキャベツを川の対岸に渡そうとしている．舟には農夫自身と，ヤギとオオカミとキャベツのいずれか1つしか乗せられない．オオカミを乗せていけば，ヤギがキャベツを食べてしまう．キャベツを運んでいけば，オオカミがヤギを食べてしまう．ヤギやキャベツが食べられずにすむのは，農夫がついているときだけである．

どうすれば，農夫はこの3つをぶじ対岸に渡すことができるだろうか．

☞ この論理パズルの解答は付録を参照．

雪片曲線

"雪片曲線"[1]は，この曲線を生成すると雪の結晶に似た形になることからこの名がある．雪片曲線を生成するには，図1のようにまず正三角形を描き，その各辺を3等分する．次に，その3等分した真ん中の部分に，外向きに正三角形を描く．ただし図2に示すように，新しい三角形の底辺，つまりもとの三角形と共有している部分は消さなくてはならない．すべての正三角形の部分について，この手順——底辺を除く2辺を3等分し，中央に正三角形を描く——をくりかえすと，図3のようになる．これをくりかえすことで，雪片曲線を生成することができる．

---

[1] くわしくは「フラクタル」の節 (108ページ) を参照．

図1

図2

図3

　　雪片曲線には驚くべき特徴がある．
　　面積は有限なのに，周囲の長さは無限になるということだ．

　周囲の長さは無限に長くなっていく，にもかかわらず小さな紙に書くことができる．これは面積が有限だからだ．ちなみにその面積は，もとの三角形の$1\frac{3}{5}$倍である．

ゼロ——その起源

ゼロという数は,現代の記数法になくてはならないものだ.しかしこれは,初めて記数法が発明されたころから当たり前のようにあったわけではない.それどころか,エジプトの数体系にはゼロがなく,また必要ともされていなかった.紀元前1700年ごろ,バビロニアで60進の位取り記数法が発展してくる.1年360日の暦と組み合わせて使われていた.バビロニア人はこの記数法で高度な演算をおこなっていたが,ゼロを表す記号は考案されなかった.数があるべきところに空白が残っていたら,それがゼロを意味していたのだ.紀元前300年ごろ,バビロニア人はこの記号 ⟅ をゼロの意味で使うようになった.マヤとインドで記数法が発展してきたのはバビロニアよりあとのことだ.しかし,桁を埋める数字の1つとして,またゼロという数値を意味するものとして,ゼロの記号を使ったのはマヤとインドが最初である.

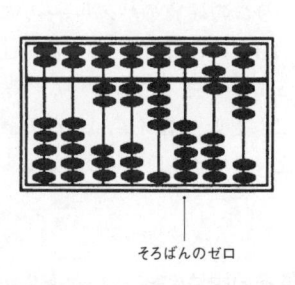

バビロニアのゼロ

マヤのゼロ

そろばんのゼロ

パパスの定理と9つの硬貨のパズル

パパスの定理——いま A, B, C が直線 l_1 上の点であり, D, E, F が直線 l_2 上の点であるとすると, 点 P, Q, R は同一直線上にある.

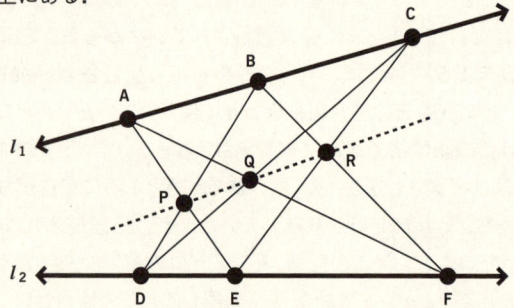

このパパスの定理を当てはめて, 9つの硬貨のパズルを解こう.

9つの硬貨のパズル——いまこの9つの硬貨は, 8本の直線上に3つずつ並ぶ形になっているが, これを並べ替えて, 10本の直線上に3つずつ並ぶようにせよ.

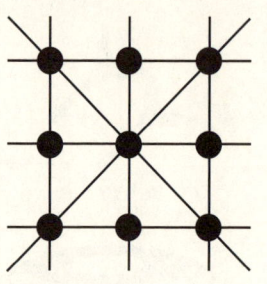

☞ 9つの硬貨のパズルの解については付録を参照.

日本の円形魔方陣

これは、関孝和の著作で紹介された日本の円形魔方陣だ。関孝和は17世紀の日本の数学者で、一種の微積法のほか、連立方程式の解を求めるための行列式を発見したとされている。

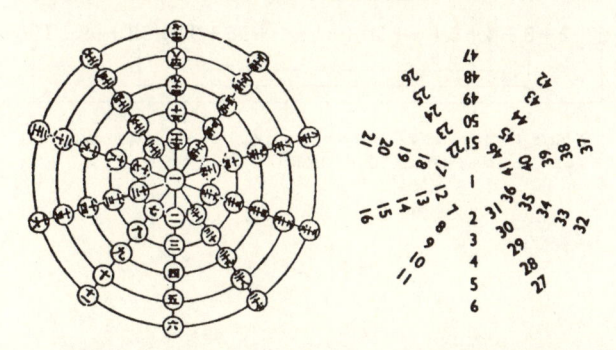

この円形魔方陣では、円の直径に沿って並ぶ数の合計がすべて同じになり、また同心円の円周上に並ぶ数の合計も同じになる。この魔方陣を作るさいには、1から100までの自然数を合計するときにガウスが用いたのと同様の方法が使われているようだ。

伝えによると、ガウスが小学生のころ、教師がクラス全員に計算の課題を与えたことがあった。1から100までの自然数を足して合計を求めよというのだ。ほかの生徒たちはみな当たり前の方法で課題に取り組み、ずらりと数を並べて足し算しはじめた。しかし、ガウスはなにもせずに考えごとをしている。ぽん

やりしていると思ったのだろう，早く計算を始めなさいと教師は言った．ところが，ガウスはもう答えが出たという．どうやって求めたのかと尋ねると，ガウスは解法を説明した．

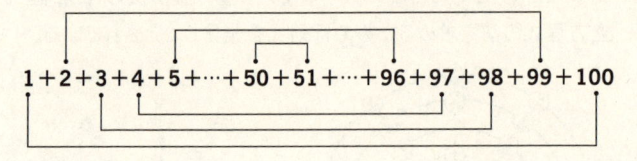

$$1+2+3+4+5+\cdots+50+51+\cdots+96+97+98+99+100$$

　ガウスは，和が101になるように自然数を2つずつ組にした．するとそのような組が50組できるから，したがって合計は5050（＝50×101）になる．

半球ドームと水の蒸留

ごく日常的なニーズを満たすために,ごく日常的な場面で,さまざまな幾何学的形状が使用・応用されている.そんな例は枚挙にいとまがないが,ここでちょっと変わった例を紹介しよう.ギリシアのシミ島では,半球形の太陽熱蒸留機を用いて,4000人の島民に1人につき1日およそ1ガロン(約4リットル)の水を供給している.

太陽の熱で温められて,中央に溜めた海水から水が蒸発する.水蒸気は透明な半球状のドームの内側で凝結し,水滴となって内壁をすべり落ちる.こうして,ドームの縁に真水が溜まるというわけだ.

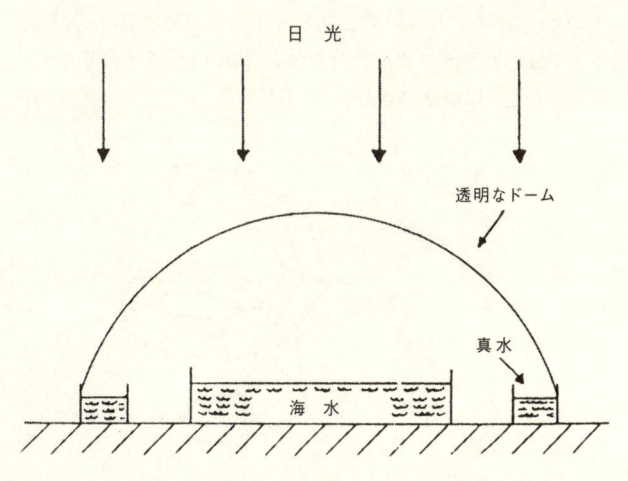

らせん――数学と遺伝学

らせんは興味深い数学図形であり、この世のさまざまな分野――たとえば遺伝子の構造、成長パターン、運動、自然界、そして工業製品の世界など――に深く関わっている.

らせんを理解するには、どうすればらせんができるか知ることが大切だ. すべて合同な直方体のブロックを縦につなぐと、長い直方体の柱ができる. このブロックの1面をななめに削って同じことすると、柱は湾曲して円をなす. しかし、ななめに削るさいに角度をつけて削ると、柱は円にならずに3次元のらせんを描く. デオキシリボ核酸すなわちDNAは遺伝情報をもつ染色体だが、このDNAはそういう3次元のらせん2本でできている. DNAにはリン酸と糖の分子の柱が2本あって、それが上で述べた変形ブロックのように、斜めの分子単位でくっつきあって互いに巻きつきあっているのだ.

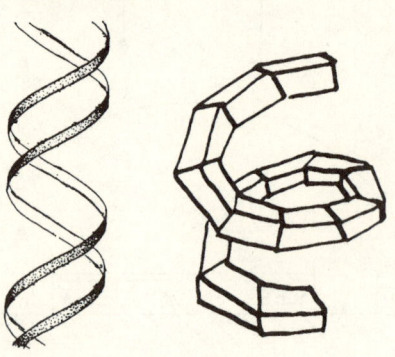

らせんにはいくつも種類がある．なにしろ，先に述べたまっすぐな直方体の柱や円をなす柱も，一種の特殊ならせんと考えることができるくらいだ．らせんには時計まわりのもの（右まわり）と反時計まわりのもの（左まわり）がある．時計まわりのらせん（コルク抜きなど）を鏡に映すと，その鏡像は反時計まわりのらせんになっている．

　さまざまな種類のらせんの例は，この世界のいたるところで見つかる．らせん階段，ケーブル，ネジ，ボルト，サーモスタットのスプリング，ナット，ロープ，ステッキ形のキャンデーには，右まわりのも左まわりのもありうる．円錐に巻きつく形のらせんを円錐らせんといい，ネジ，ベッドのスプリングのほか，ニューヨークのグッゲンハイム美術館のらせん階段（フランク・ロイド・ライト設計）もこの形である．

プロクロライト（扇石）の結晶構造

　自然界にも，多くの種類のらせんが見つかる．レイヨウ，牡羊，イッカクその他の哺乳類の角，ウイルス，カタツムリなど軟体動物の殻，植物の茎やつるの構造（豆類など），花，実，葉の構造などだ．人間の臍帯は三重らせんで，静脈1本と動脈2本が左まわりに巻いている．

　右まわりと左まわりのらせんが絡みあう形も珍しくない．た

とえば植物のカップルに、スイカズラ（左まわり）とヒルガオ（右まわり．アサガオもこの仲間）がある．シェークスピアの『夏の夜の夢』のおかげで、この2つは不朽の名声を手に入れることになった．タイターニア女王がボトムに言う．「お眠り、そうしたらこの腕をおまえに巻きつけてあげよう……ヒルガオが可愛いスイカズラに優しく巻きつくように」

らせんはまた運動の分野にも現れる．らせん形の動きは、たとえば竜巻、渦潮、排水管に吸い込まれる水、リスが木の幹を昇り降りする道筋、ニューメキシコ州のカールズバッド・キャバーンズ【大鍾乳洞帯】のメキシコオヒキコウモリの飛びかた（時計まわりのらせんを描いて飛ぶ）にその例が見られる．

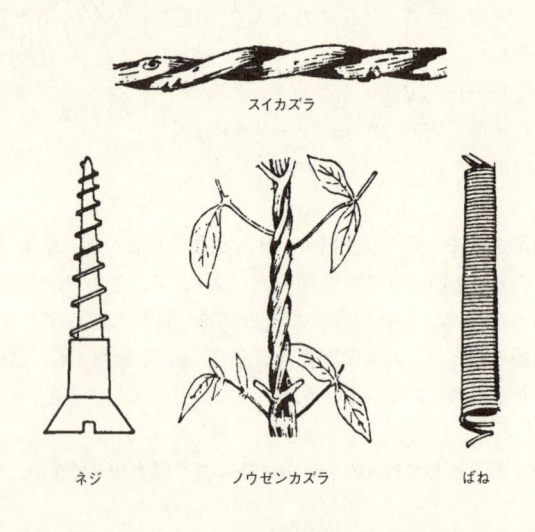

スイカズラ

ネジ　　　　ノウゼンカズラ　　　　ばね

ＤＮＡ分子がらせん形をしていることが発見されたいまでは，多くの場面にらせんが現れるからと言って驚くことはあるまい．自然界に見られるさまざまな形のらせんも，その成長パターンも，それじたいが遺伝コードによって決まっていて，だからくりかえし生まれてくることになっているのだ．

魔法の"線"

1900年代,クロード・F・ブラグドンは,魔方陣を使って芸術的な模様を生み出す方法を思いついた.魔方陣の数を順番に結んでいくと,面白い模様ができるのに気づいたのだ.この線はのちに"魔法の線"(マジック・ライン)と呼ばれるようになる.ただ,この"マジック・ライン"は実際には線ではなく,その線で描かれる模様のほうを指している.交互に色を変えてこの模様に色を塗ると,非常に斬新なデザインが生まれるのだ.ブラグドンは建築家だったので,この"マジック・ライン"を建築の装飾に用いたほか,本や布地のデザインにも用いている.

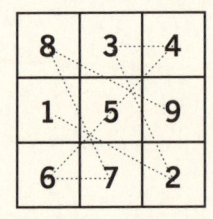

いまに伝わる最古の魔方陣"洛書"のマジック・ライン.
この魔方陣は,紀元前2200年ごろ中国で作られた.

1514年にアルブレヒト・デューラーが作った魔方陣のマジック・ライン.

数学と建築

 だれでも知っているように,建築には数学的図形が多く用いられている.たとえば正方形,方形,ピラミッド形,球形などだ.しかしなかには,見慣れない図形を用いて設計されている建築もある.たとえば〈聖マリア大聖堂〉がそのよい例だ.このあっと驚く建物は,双曲放物面を用いて設計されている.設計はポール・A・ライアンとジョン・リー,技術的な助言をしたのは,ローマのピエール・ルイジ・ネルヴィとマサチューセッツ工科大学のピエトロ・ベラスキだった.

聖マリア大聖堂

落成式の日,この大聖堂をミケランジェロはどう思うでしょうと尋ねられて,ネルヴィはこう答えた.「ミケランジェロにはこれは思いつけなかったでしょう.この設計は幾何学理論に基づいてますが,その理論は当時はまだ証明されてなかったから」

　この大聖堂の屋根は容積60立方メートルの双曲放物面屋根で,壁の高さは60メートル.屋根は4本の巨大なコンクリートの柱で支えられており,この柱は地中に29メートルも打ち込まれている.柱1本にかかる荷重は4000トン.壁はあらかじめ型取りしたコンクリートのパネル1680個でできているが,このパネルには128種類もの異なるサイズがある.床は78メートル×78メートルの正方形.

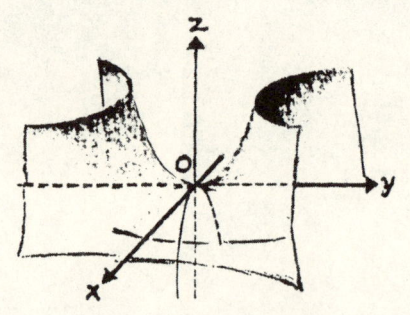

双曲放物面は,放物面(放物線をその線対称の軸を中心に回転させた面)と3次元の双曲線とを組み合わせたもの.

双曲放物面を表す等式

$$\frac{y^2}{b^2} - \frac{x^2}{a^2} = \frac{z}{c} \quad a, b > 0, c \neq 0$$

錯視の歴史

19世紀後半,錯視の分野への関心が急激に高まった.この時期には,物理学者や心理学者が200近い論文を発表し,なぜ錯視が起きるのか論じていたものだ.

錯視を生むのは人の目の構造であり,頭脳であり,あるいはその両方の組み合わせである.見えているからそこにあるとはかぎらないのだ.重要なのは,知覚した情報のみに基づいて結論を出すのでなく,実際の測定によって検証することだ.

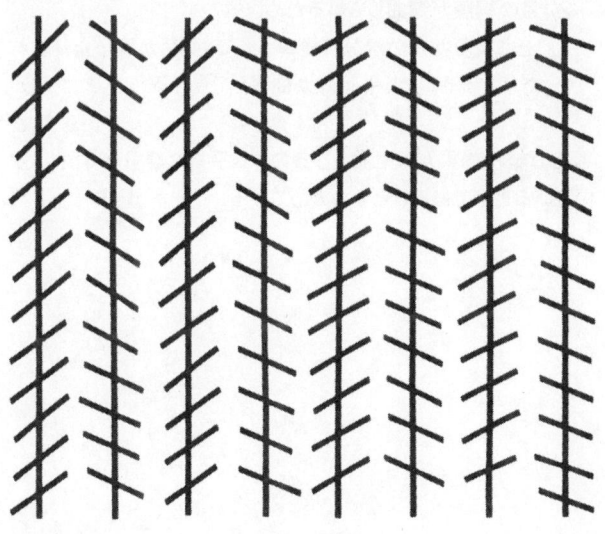

ツェルナーの錯視

19世紀に錯視研究が盛りあがるきっかけとなったのが, この前頁の図の錯視である. ヨハン・ツェルナー(1834〜1882)は天体物理学者にして天文学教授(彗星, 太陽, 惑星の研究に大きく貢献し, 測光器の発明者でもある)だったが, この図と似た模様の布地にたまたま目を留めた. 縦に並ぶ線は実際には平行線なのに, どう見てもそうは見えない. この錯視の考えられる原因は,

1) 平行な線分上に違う向きに置かれた, 短い線分と線分の角度の違いのため.
2) 目の網膜が湾曲しているため.
3) 上に重ねた短い線分に誘導されて, 両目が寄ったり離れたりするせいで, 平行線が曲がって見える.

この錯視効果が最も強くなるのは, 平行な線分が45°に傾いているときであることがわかっている.

この有名な錯視図は，漫画家W・E・ヒルが描いて1915年に発表したもの．
これは多義図形の錯視と分類されている．
2人の人物——老婆と若い女が交互に見えるからだ．

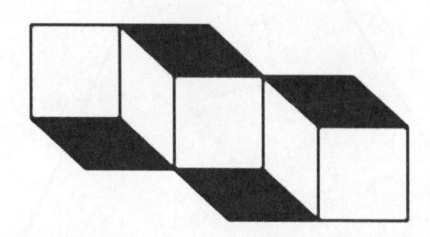

黒い面が箱のてっぺんになったり底になったりするのがわかるだろうか．

3等分と正三角形

幾何学には,さまざまなアイデアや考えかたや定理が詰まっている.幾何学図形の新しい性質を発見するのはとても面白い.たとえば,任意の三角形を描き,その3つの角を3等分してみよう.3等分した直線からできる図形を見て,なにか気づくことはないだろうか[1].

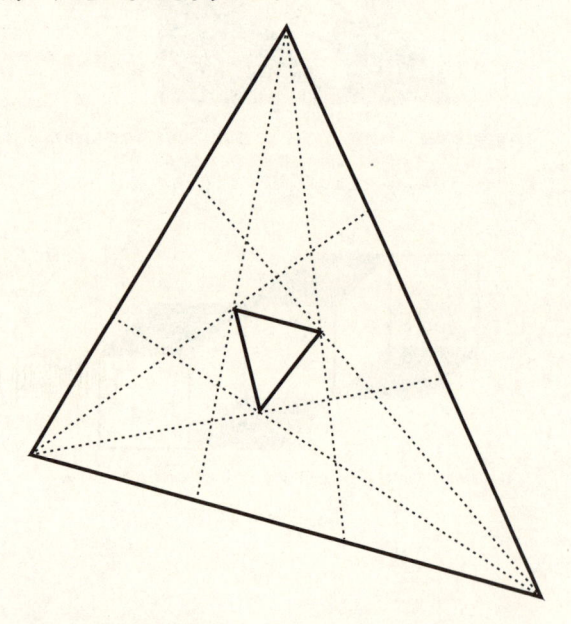

---

[1] もとの三角形がどんな形であっても,上図のようにしてできる図形はかならず正三角形になることが証明できる.

薪, 水, 粉の問題

どの家からも道を3本作らなくてはならない——1本は井戸に, 1本は製粉所に, 1本は薪小屋に通じる道である. これらの道はほかの道と交わってはいけない. この問題が解けますか？

薪　　　　　水　　　　　粉

"薪, 水, 粉の問題" の解は付録を参照.

チャールズ・バベッジ――現代コンピュータ界のレオナルド・ダ・ヴィンチ

現代コンピュータ界のレオナルド・ダ・ヴィンチと言えば,それはチャールズ・バベッジ(1792～1871),イギリスの数学者兼技術者兼発明家である.世界初の走行距離計,さまざまな精密機器,暗号,明かりの点滅で灯台を識別する方法を発明するかたわら,バベッジが最大の精力を傾けていたのは,数学的演算や数表の計算をおこなう機械の製作だった.

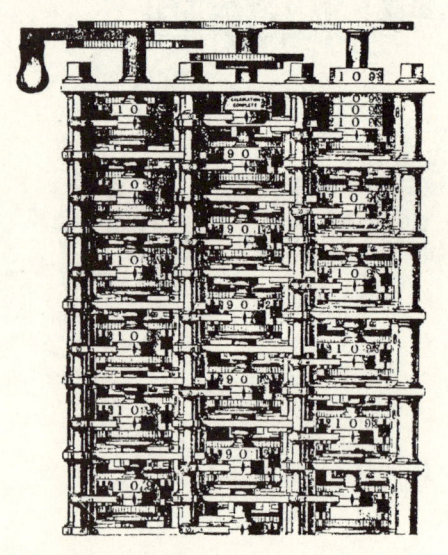

この図は,チャールズ・バベッジの階差機関(ディファレンス・エンジン)の一部を描いたもの.バベッジは1823年にその建造に着手したが,1842年には打ち切った.

バベッジの階差機関(ディファレンス・エンジン)の最初のモデルは,シャフトにはめた突起つきホイールでできていた.これは,ホイールをクランクでまわすことで,小数点以下5桁までの平方数の数表を作成できるという機械だった.のちにバベッジは,小数点以下20桁までの計算能力を持つはるかに大がかりな機械を設計した.この機械は銅製の彫刻板に答えを刻印して出すことになっていた.その部品を製作する過程で,バベッジは熟練の機械技師になり,すばらしい工具類や,現代の手法の原形となる技法を生み出していった.完全を求めて部品や設計を改良しつづけ,それまでの成果は捨て去る.そんな完全主義のため,そしてまた当時の技術レベルの低さのために,バベッジはどうしても製品の完成にこぎ着けることができなかった.階差機関の開発を中止したとき,彼は解析機関(アナリティカル・エンジン)[1]の構想を得ていた.どんな数学的演算でも実行でき,50桁の数を1000個まで記憶する容量を持ち,それ自身のライブラリに保存した数表を用い,得た答えを比較して,命令されなくても検算ができるという機械で,機械的部品とパンチカードで動作することになっていた.その構想が実現することはなかったが,解析機関の論理的構造は,今日のコンピュータに用いられている.

バベッジの解析機関は,1つの機械というより機械の集合だった.今日のコンピュータとまったく同じ意味でそうだったのである.まさに驚嘆に値することだ——バベッジはひたむきに努力して,時代に先駆けてこのまったく新しいアイデアを生み出し,その機械の建造を計画し,建造するための工具を開

発し,開発段階ごとの設計をおこない,プログラムするのに必要な数学を生み出した.なんという偉業！　チャールズ・バベッジの功績を称えて,IBMは実際に動く解析機関のモデルを建造している.

---

[1] チャールズ・バベッジを励まし,解析機関の開発に協力したのが,かのバイロン卿の娘エイダ・ラヴレイスである.資金的な援助はもちろんだが,彼女はすぐれた数学者だったので,解析機関のコンピュータ・プログラムを作成するうえでその協力は貴重だった.また,彼のプロジェクトを心からの熱意をもって応援してくれたのも大きかった.

数学とイスラム美術

人間の身体を描写することが禁じられていたため、イスラムの美術はそれ以外の分野に向かった。美術は装飾やモザイクの分野のみに限定され、とりわけ幾何学的デザインに集中することになったのだ。というわけで、イスラム美術には数学との関係が明らかに見てとれる。

イスラム美術のさまざまなデザインに見られるのは、
- 対称性
- 幾何学図形のテセレーション、鏡映、回転、平行移動
- 明暗で表現された合同な図形

このデザインには幾何学図形の平行移動が見られる。

このデザインには、テセレーション[1]、鏡映、回転、対称性が用いられている。また、明暗で表現された図形が合同なのも明らかにわかる。

---

[1] 平面のテセレーションとは、特定の形のタイルを隙間なく、しかも互いに重ならないように敷きつめることを言う。

中国の魔方陣

下図に示す中国の魔方陣は,およそ400年前に作られたものだ.算用数字に直すと以下のようになる[1].

27	29	2	4	13	36
9	11	20	22	31	18
32	25	7	3	21	23
14	16	34	30	12	5
28	6	15	17	26	19
1	24	33	35	8	10

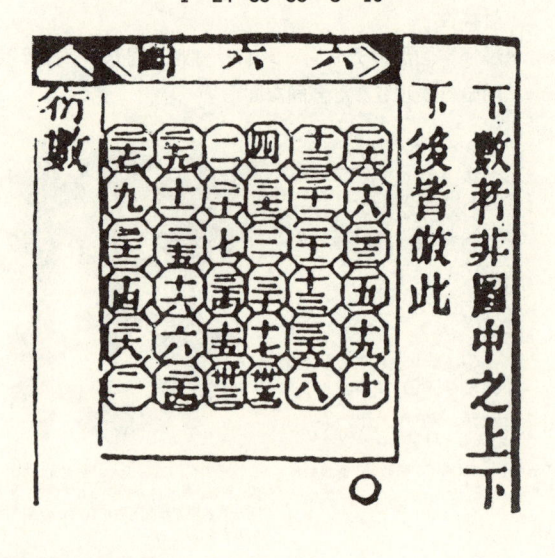

---

[1]【中国の魔方陣の数字のまちがいを修正してある.】

無限と限界

下の図は,互いに接する円と正多角形を描いたもの.多角形の辺の数は,外側に行くほど多くなっている.円の半径は無限に大きくなっていくように見えるが,実際には限界——最初の円のおよそ12倍——があり,それを超えることはできない.

偽造銀貨のパズル

1ドル銀貨を10枚積んだ山が10個ある.本物の1ドル銀貨の重さはわかっていて,偽造銀貨は本物より1グラム重いということもわかっている.また,10個ある山の1つはすべて偽造銀貨でできていることもわかっていて,1グラム単位の秤を使うことができるものとする.最低何回秤を使えば,どれが偽造銀貨の山か当てることができるだろうか.

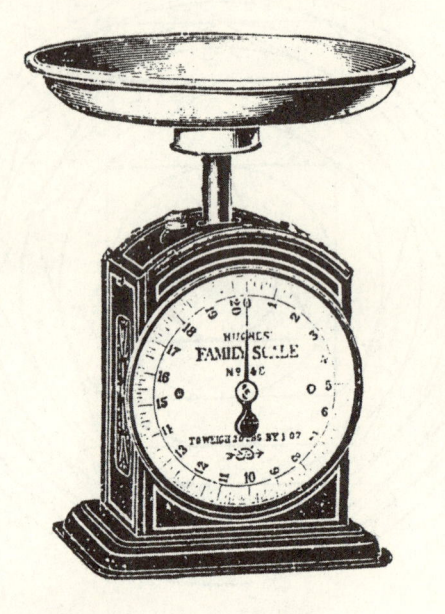

☞ "偽造銀貨のパズル" の解答は付録参照.

パルテノン神殿——光学的・数学的設計

　紀元前5世紀の古代ギリシアの建築家たちは，建築物の設計に錯視や黄金比を巧みに応用していた．正確にまっすぐ建てた建築物は，人の目にはまっすぐに見えないと知っていたのだ．このような歪みが生じるのは，目の網膜が湾曲しているからだ．そのために，特定の角度でのびる直線は，湾曲して見えてしまうのである．目の構造から生じるこの歪みを古代人がどうやって補正していたか，それを示す有名な実例がパルテノン神殿だ．パルテノン神殿の柱は実際にはふくらんでいるし，方形の基盤も外側に向かって曲線を描いている．このような調整がなされなかったら，パルテノンは図1（次頁）のように見えただろう．

パルテノン神殿

これらを補正したことで, 建物も柱もまっすぐに見えるようになり, いっそう美しく見えるようになったというわけだ.

図1

古代ギリシア人はまた, 黄金比と黄金方形[1]を応用することで, より美しい建築物や彫刻が作れると考えていた. かれらは黄金比に詳しく, 作図のしかた, 概数の求めかた, それを使って黄金方形を作図する方法も心得ていた. パルテノン神殿は, 黄金方形を建築に用いた実例である. 下の図2に示すように, この神殿の寸法はほぼ正確に黄金方形に当てはまっているのだ.

図2

---

[1] くわしくは「黄金方形」の節 (138ページ) を参照.

確率とパスカルの三角形

パスカルの三角形を生成する珍しい方法を紹介しよう．下の図のように六角形のブロックを三角形に並べ，てっぺんの袋から球を落とす．球は六角形の障害物に当たりながら落ちてくるから，その落ちてきたのを下で集める．六角形1つにつき，球が右か左に転がる確率はどちらも等しいから，図に示すように，球はひとりでにパスカルの三角形のとおりに分かれて落ちてくる．三角形の下に溜まった球は，ベル形の正規分布曲線を描く．この曲線は，保険会社が保険料を決めるため，科学では分子のふるまいを研究するため，そしてまた人口分布の研究にも使われている．

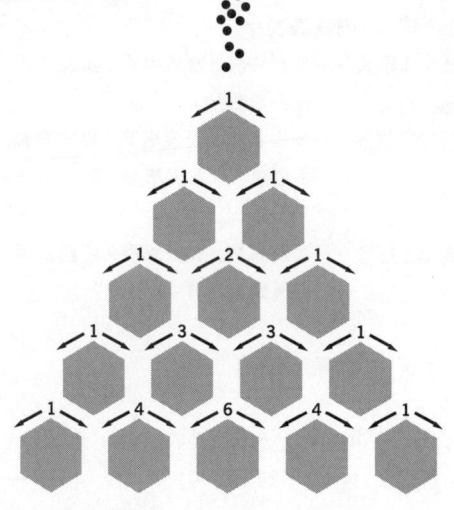

ピエール・シモン・ラプラス（1749〜1827）は，ある事象が起きる確率を定義して，"起こりうる事象の総数に対する，その事象の起こる場合の数の割合"とした．したがって，コインを投げたとき，表の出る確率は以下のようになる．

$$\frac{1}{2} \begin{array}{l} \text{— 1枚のコインにある表の数} \\ \text{— 起こりうる事象の数（表と裏）} \end{array}$$

パスカルの三角形を使って，"ある特定の組み合わせが起きる場合の数"と，"ありうるすべての組み合わせの総数"，その両方を計算することができる．たとえば4枚のコインを投げたとき，ありうる表と裏の組み合わせは以下のようになる．

4枚とも表──表表表表＝1
3枚表で1枚裏──表表表裏，表表裏表，表裏表表，
　　　　　　裏表表表＝4
2枚表で2枚裏──表表裏裏，表裏表裏，裏表表裏，
　　　　　　表裏裏表，裏表裏表，裏裏表表＝6

1枚表で3枚裏──表裏裏裏，裏表裏裏，裏裏表裏，
　　　　　　裏裏裏表＝4

4枚とも裏──裏裏裏裏＝1

パスカルの三角形の上から数えて4列め（最上列をゼロと数えて）が，このあり得る結果──1　4　6　4　1──を示し

ている.これらの数の合計は,起こりうるすべての事象の総数であり,これは1＋4＋6＋4＋1＝16である.したがって,表が3枚,裏が1枚出る確率は以下のようになる.

$$\frac{4}{16}$$ ― 3枚表で1枚裏となる組み合わせの数
― ありうる組み合わせの総数

組み合わせの数が多くて,パスカルの三角形を延長するのが面倒な場合は,ニュートンの二項式を使うとよい.パスカルの三角形の各列には,二項式 $(a + b)^n$ を展開したときの係数が現れる.たとえば,$(a + b)^3$ の係数を知るには,上から3つめの列を見るとよい(最上列はゼロ番めと見なす.すなわち,$(a + b)^0 = 1$).第3列は1 3 3 1だから,係数は次のようになる.

$$1a^3 + 3a^2b + 3ab^2 + 1b^3 = (a + b)^3$$

また逆に,二項式を使ってパスカルの三角形の第n列を知ることもできる.

二項式

$$(a + b)^n = a^n + \frac{n}{1}(a^{n-1}b^1) + \frac{n}{1}\left(\frac{n-1}{2}\right)(a^{n-2}b^2) + \cdots + b^n$$

r番目(やはり先頭をゼロ番目と数えて)の係数は,

$$\frac{n!}{r!(n-r)!}$$ となる.

n個から1度にr個をとる場合の組み合わせの数は，以下の式で求められる．

$$C(n,r) = \frac{n!}{r!(n-r)!}$$

10個から1度に3個をとる場合の組み合わせは以下のようになる．

$$C(10,3) = \frac{10!}{3!(10-3)!} = \frac{10 \cdot 9 \cdot 8 \cdot 7 \cdot 6 \cdot 5 \cdot 4 \cdot 3 \cdot 2 \cdot 1}{3 \cdot 2 \cdot 1 \cdot 7 \cdot 6 \cdot 5 \cdot 4 \cdot 3 \cdot 2 \cdot 1} = 120$$

これは，10個から1度に3個をとる組み合わせは120通りあるという意味だが，それと同時に，パスカルの三角形の第10列の3番目が120だという意味でもある．パスカルの三角形をチェックしてみよう．

インボリュート

1本のロープがほかの曲線(ここでは円)に巻きついたりほどけたりするとき,そのロープが描く曲線を伸開線(インボリュート)と言う.自然界にはインボリュートの例は多数見つかる.たとえば垂れ下がったシュロの葉,ワシのくちばし,サメの背びれなどだ.

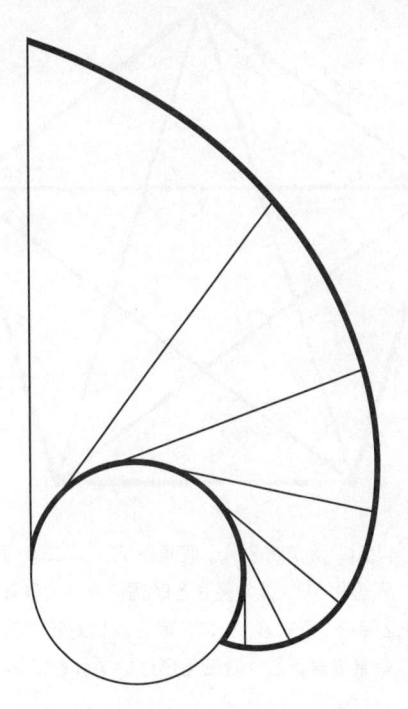

五角形と五芒星と黄金三角

正五角形の対角と対角を結ぶ線を引くと, 五芒星が描ける. この五芒星のなかには黄金三角があり, その黄金三角は五芒星の辺を黄金比[1]に分割している.

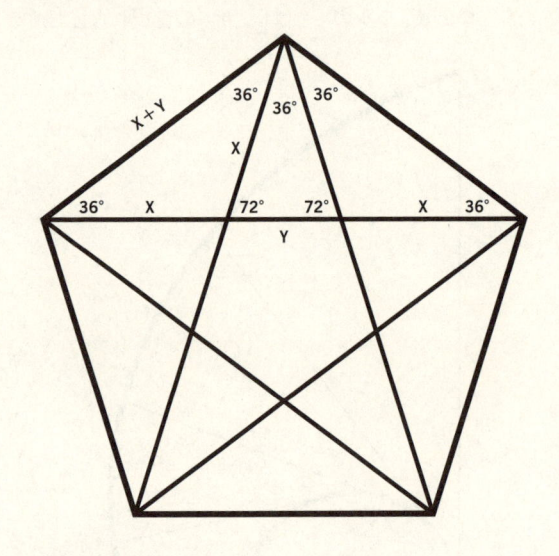

黄金三角とは, 頂角が36°, 底角が72°の二等辺三角形である. また底辺以外の辺の長さと底辺の長さとは黄金比をなす. 底角を2等分したとき, その2等分線は対辺を黄金比で分割し, その結果できる2つの三角形はいずれも二等辺三角形である.

この2つの三角形のうち, 1つはもとの三角形と相似であり, もう1つはらせんを描くのに使える.

この黄金三角の底角を2等分していくと, 次々に黄金三角ができ, またそれによって等角らせん[2]を描くことができる.

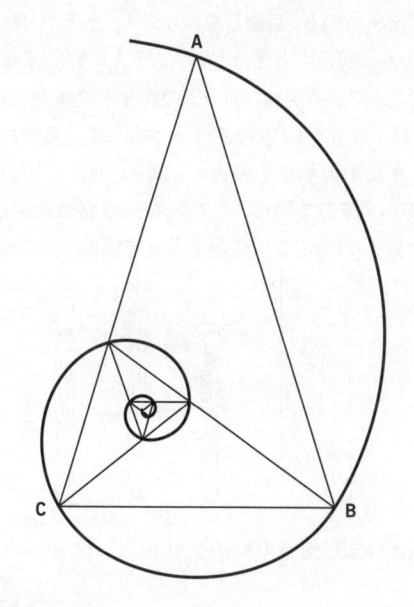

$$\frac{|AB|}{|BC|} = 黄金比, \phi = \frac{(1+\sqrt{5})}{2} \approx 1.6180339\cdots$$

---

[1] 黄金比についてくわしくは, 56ページの脚注を参照.
[2] 等角らせんについては, 「黄金方形」の節 (142ページ) を参照.

壁に向かって立つ3人の男

壁に向かって3人の男を縦1列に並ばせ、目隠しをさせる。そこで、茶色の帽子が3つ、黒い帽子が2つ入っている箱のなかから帽子を3つ選び、それを3人にかぶらせる。男たちにそのことを伝えたのち、目隠しを取り外す。そこで、自分のかぶっている帽子は何色だと思うかと1人1人に質問する。壁から1番遠くに立っている男は、前2人の帽子の色を見ることができるが、彼は「自分が何色の帽子をかぶっているかわからない」と言う。真ん中の男はその答えを聞き、前に立っている1人の男の帽子の色を見て同じことを答える。3番めの男には目の前の壁しか見えないが、2人の男の答えを聞いて、こう言う。

「私は自分が何色の帽子をかぶっているかわかった」

彼は何色の帽子をかぶっていたのだろうか。そしてまた、なぜそれがわかったのだろうか。

☞ "壁に向かって立つ3人の男" の解答は付録を参照.

幾何学的ペテンとフィボナッチ数列

フィボナッチ数列の連続する2項の和を1辺の長さとする正方形を描くと,不思議な幾何学的ペテンが生じる.

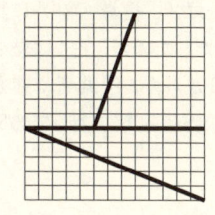

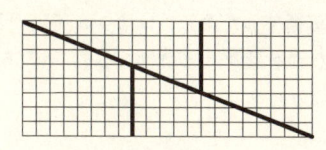

例:
1) 連続するフィボナッチ数, 5と8を選ぶ.
2) 13×13の正方形を描く.
3) 図のように切り離して並べ替える.ここで,もとの正方形の面積と,並べ替えたあとの長方形の面積を計算する.すると,正方形の面積のほうが長方形より1単位大きくなることがわかる.
4) 同じことをフィボナッチ数21と34でやってみよう.この場合,長方形の面積の方が正方形より1単位大きくなる.

この1単位の矛盾は,どのフィボナッチ数を用いるかによって,正方形と長方形で交互に変化する [1].

---

[1] 連続するフィボナッチ数からなる分数の数列,すなわち1/1, 2/1, 3/2, 5/3, 8/5, 13/8, …F_{n+1}/F_nは,黄金比より大きくなったり小さくなったりを交互にくりかえす.この数列の極限は,黄金比の値すなわち$(1+\sqrt{5})/2$である.くわしくは「黄金方形」の節(143ページ)を参照.

迷路

今日では，迷路は楽しいパズルと考えられている．だが昔は，迷路と言えば謎や危険や混乱を連想させるものだった．複雑に入り組んだ道で出口がわからなくなったり，迷路のなかに巣くう怪物と遭遇したりしかねない場所だったのだ．古くは城砦を防衛するために，しばしば迷宮が築かれた．侵略者は迷路のなかを延々進まねばならず，そのあいだは攻撃に対して無防備になりやすい．

迷路は，はるかな昔から世界中のさまざまな地域で作られている．

・アイルランドのロックバレーの石に刻まれた迷路——紀元前2000年ごろ
・クレタ島のミノス文明の迷宮——紀元前1600年ごろ
・イタリア・アルプス，ポンペイ，スカンジナビア
・ウェールズやイングランドの芝生の迷路
・ヨーロッパの教会の床にモザイクではめ込まれた迷路
・アフリカの布地のデザインに見られる迷路
・アリゾナのホピ・インディアンの岩に刻まれた迷路

現代では心理学やコンピュータ設計の分野で，迷路は注目を集めている．何十年も前から，心理学者は迷路を用いて動物や人間の学習行動を研究してきた．また高度な学習型コン

ピュータを設計する第1段階として,迷路の問題を解決できるコンピュータ制御ロボットが設計されている.

ハンプトン・コートの迷路

　数学においては,位相幾何学のネットワーク論(図を用いた問題解決法)の1部門として,迷路が研究されている.よく迷路と混同されるものにジョルダン曲線がある.位相幾何学的に見れば,ジョルダン曲線は円である.円がそれ自身と交わることなく,ねじれたり内側に曲がったりした結果できた曲線なのだ.円だから内側と外側があるので,その点で迷路とは異なる.つまり,内側から外側へ出るには曲線を横切るしかないということだ.

　ロボットを使って迷路を解くには,論理的な解法を考案する必要があった.

迷路を解く方法

1) 単純な迷路の場合は、袋小路やループを見つけたら斜線で消していく。残った経路を行けばゴールに到達できるから、そのなかで最短距離の経路を選べばよい。しかし、迷路が複雑だとこの方法で解くのはむずかしい。

2) つねに片手（右手か左手か）を壁に当てて進んでいく。この方法は単純だが、すべての迷路に応用できるわけではない。応用できないのは、(a) 入口が2つあり、それをつなぐ道が出口に通じていない場合。(b) ループをなす道、あるいはゴールのまわりを回る道がある場合である。

3) フランスの数学者M・トレモーは、あらゆる迷路に応用できる汎用的な方法を考案した。

方法：

a) 迷路を進むとき、つねに右側に線を引いていく。
b) 別れ道に来たら、どちらでも好きなほうに進む。
c) 初めて通る道を進むうちに、前に通った分岐点や行き止まりに来たら、まわれ右をしてもと来たほうへ引き返す。
d) もと来た道を引き返すうちに、以前通った分岐点に来たら、先ほど選ばなかった道のほうに進む。選ばれていない道がない場合は、その分岐点を越えてそのまま引き返す。
e) 両側に線の引いてある道には入らない。

この方法は絶対確実とされているが, 運が悪いとかなり時間がかかる.

実際になかを歩くにしても, 鉛筆を片手にたどるにしても, 迷路はこれからも人々の好奇心を刺激しつづけ, 喜びを与えてくれることだろう.

ナバホ・インディアンの毛布の模様に見られる迷路

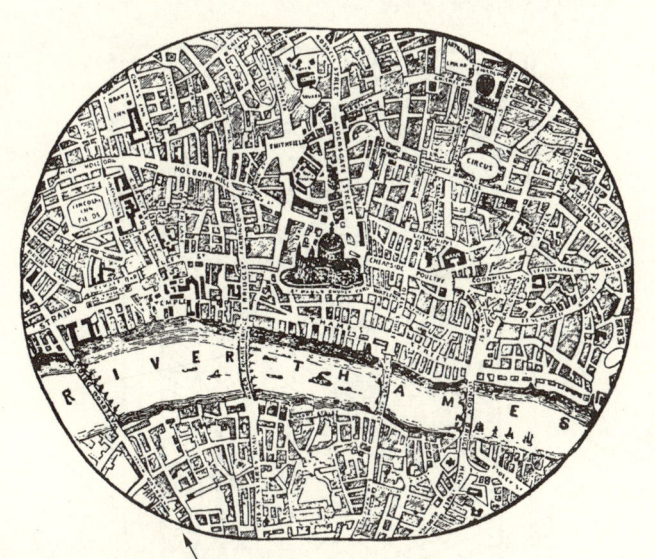

ウォータールー通り
このロンドンの迷路は, The Strand Magazine の1908年4月号に掲載されたもの.「まずウォータールー通りに入ろう. 目的はセント・ポール大聖堂にたどり着くことだが, 工事中で道路が通行止めになっている通りを通ってはいけない」という指示がついている.

中国の"チェッカー盤"

この図に描かれているのは、チェッカー盤模様の中国の算盤(さんばん)である。連立方程式を解く規則を最初に生み出したのは中国人だった。

算盤のあちこちに計算具を配置し、行列に基づく規則を当てはめて解を求めていたのだ。

円錐曲線

　不可解に思う人も多いようだが，たんに面白いとか不思議だというだけの理由で数学者は研究をする．古代ギリシアの哲学者たちを見ても，とくになにかの役に立つわけでもないのに，ただ興味や好奇心や意欲をかき立てられたというだけで熱心に研究している．円錐曲線の場合がまさにそうだ．

　この曲線に関心が集まったおもな理由は，古代の3大作図問題（円積問題，倍積問題，角の3等分問題）を解く助けになりそうだったからだ．当時，この3大作図問題には実用的な価値は皆無だったが，なにしろ挑戦しがいのある問題だったし，これらのおかげで数学の発達は大いにうながされた．多くの場合，数学の問題の実用性が明らかになるには長い年月がかかる．紀元前3世紀に生み出された円錐曲線は，17世紀になってから，数学者が曲線に関わるさまざまな理論を生み出す土台となった．たとえば，ケプラーは楕円を用いて惑星の軌道を説明したし，ガリレオは地上の発射体の動きに放物線が当てはまることに気がついた．

　248ページの図は，二重円錐の切断面が，円，楕円，放物線，双曲線を生み出すことを示している．

　問題： 円錐の切断面が直線になるとき，交わる2本の直線になるとき，点になるときはそれぞれどんなときか．

これらの曲線は，この世界のいたるところに見ることができる．その興味深い実例の1つがハレー彗星だ．

1704年，エドマンド・ハレーは，観測データの存在するさまざまな彗星の軌道を研究していた．そしてその結果，1682年，1607年，1531年，1456年に現れたのは同一の彗星であり，楕円軌道を描いておよそ76年で太陽のまわりを一周していると結論した．この彗星が1758年にまた戻ってくるという彼の予言は当たり，そのためこの彗星はハレー彗星と呼ばれるようになった．近年の研究によると，紀元前240年に中国で記録された彗星もハレー彗星ではないかという．

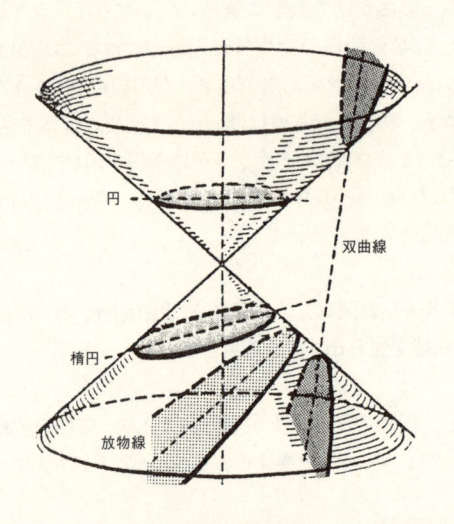

この世界に見られる円錐曲線の例

放物線――
・噴水の描く弧
・懐中電灯の光が平面に当たったときの形

楕円――
・惑星や彗星の軌道

双曲線――
・一部の彗星などの天体の軌道

円――
・池の波紋
・円軌道
・車輪
・さまざまな自然物

アルキメデスのポンプ

 アルキメデスのポンプは，水につけてハンドルをまわすと水を丘のうえに運びあげることができた．

これはいまでも，世界各地で灌漑のために使われている．

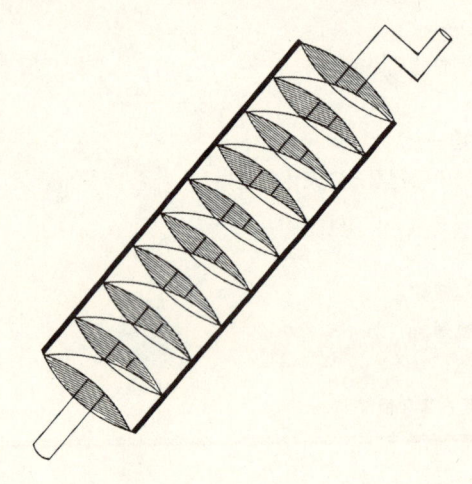

 アルキメデス（前287〜212）はギリシアの数学者にして発明家．てこと滑車の原理を発見し，それを応用して重いものを小さい力で動かす機械を発明した．アルキメデスはまた，水にものを沈めて体積を比較する方法——流体静力学，浮力，比重の計算法——を発見したとか，弩(いしゆみ)を発明したとか，太陽光線を集めるために凹面鏡を発明したとも言われている．

光渗による錯視

錯視は,人の脳,目の構造,あるいはその両方によって生じる現象だ.たとえば,明るい部分と暗い部分のある場所を見るときのことを考えてみよう.眼球内の液は完全な透明ではないので,光は目の奥の網膜(光を感じる部分)に達するまでに散乱する.そのため,明るい光,あるいは明るい部分が,網膜上の像の暗い部分に滲み出てしまう.というわけで,下の図に示すように,同じ大きさでも明るい部分のほうが暗い部分より大きく見える.デザインは同じでも,暗色(とくに黒)の服のほうが,明色(あるいは白)の服より細く見えるのもそのためだ.この錯視を"光渗"と言い,19世紀にヘルマン・L・F・フォン・ヘルムホルツによって発見された.

ピタゴラスの定理とガーフィールド大統領

米国の第20代大統領ジェイムズ・エイブラム・ガーフィールド（1831～1881）は，大の数学好きだった．1876年，下院議員を務めていたころ，彼はピタゴラスの定理[1]の面白い証明法を発見した．この証明法は The New England Journal of Education に発表されている．

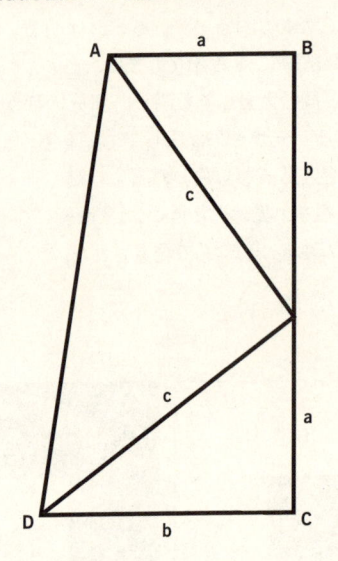

この証明法では，台形の面積を計算する2種類の方法が用いられている．

[1]「ピタゴラスの定理」の節（18ページ）を参照．

方法その1:
台形の面積＝（上底＋下底）×（高さ）×1／2

方法その2:
台形を3つの直角三角形に分割し、その3つの三角形の面積を求める．

> **証 明**
>
> $\overline{AB}//\overline{DC}$, 角Cと角Bが直角, 図のように長さa, b, cが成り立つような台形ABCDを作図する．
>
> 上にあげた2つの方法で台形の面積を計算する．
>
> **方法1による面積　　＝方法2による面積**
>
> $1／2 (a + b)(a + b) = 1／2 (ab) + 1／2 (ab) + 1／2 (cc)$
>
> $(a + b)(a + b) \quad = ab + ab + c^2$
>
> $a^2 + 2ab + b^2 \quad = 2ab + c^2$
>
> ゆえに
>
> $a^2 + b^2 \quad\quad\quad = c^2$

アリストテレスの車輪のパラドックス

図のように、2つの同心円からなる車輪を考える。この車輪が1回転すると、AからBに到達する。このとき、|AB|は大きな円の円周と等しい。しかし、距離|AB|を移動するあいだに小さな円もやはり1回転しているわけだから、その円周も|AB|になるのではないだろうか。

車輪のパラドックスに対するガリレオの説明

ガリレオはこの問題を考えるさいに、同心の正方形2つからなる正方形の"車輪"を考えた。この正方形を4回倒したとき（つまりこの"車輪"の周囲の長さ|AB|を移動させたとき）、内側の小さな正方形は3回"飛んでいる"ことがわかる。同心円の車輪の場合も、やはり小さな円はこれと同様にして運ばれているわけだ。したがって、小さな円の円周は|AB|にはならないのである。

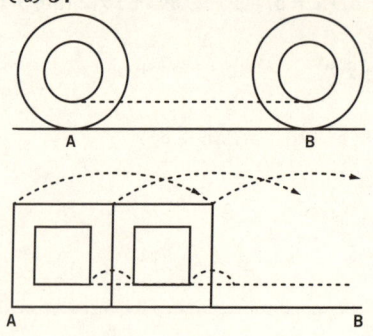

ストーンヘンジ

 英国のソールズベリー平原には,"ストーンヘンジ"と呼ばれる堂々たる巨石の構造物が立っている. 建造が始まったのは紀元前2700年ごろで,3段階の建造の最終段階が完了したのは紀元前2000年ごろである.

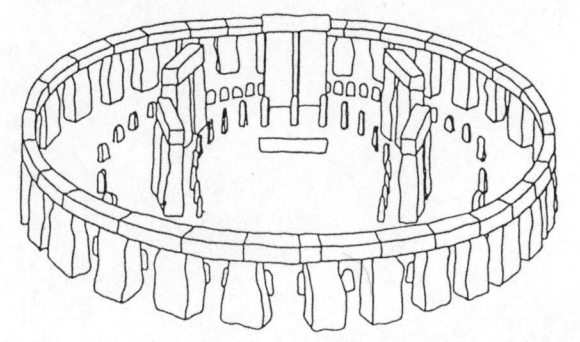

 ストーンヘンジはなんのために造られたのだろうか. 複数の集団によって使われ, 改良されてきたのだが, その人々にとってストーンヘンジはどんな意味を持っていたのだろう. いろいろと説は出されている.

・神殿の一種だった.
・冬至の日没と夏至の日の出を知るための月と太陽の観測所だった.
・月の運行を記録する暦だった.
・月食や日食を予測するための原始的な計算機だった.

ストーンヘンジを建造した人も使った人も，文字による記録を残していないので，その真の目的を知るすべはない．断片的な証拠しかなく，どの説も推測の域を出ない．しかし，これを建造した人々が，なんらかの計測手段や幾何学的知識を持っていたことだけはまちがいない．

次元はいくつあるのか

原始時代の洞窟壁画,ビザンチンの聖画像,ルネッサンス期の絵画,印象派の絵画など,それこそ多種多様な絵画があるが,どんな絵画であろうとも,そこに描かれているのは2次元か3次元に存在するものだ.画家,科学者,数学者,そして建築家が,ある図形が4次元世界ではどう見えるか考え,さまざまに表現してきた.その1例が下の図である.これは建築家クロード・ブラグドンが1913年に発表した,立方体の4次元的表現(超立方体という)である.ブラグドンは,この超立方体の図などの4次元的なデザインを組み込んだ建築物を作っている.彼の設計したロチェスター商工会議所ビルはそのよい例だ.

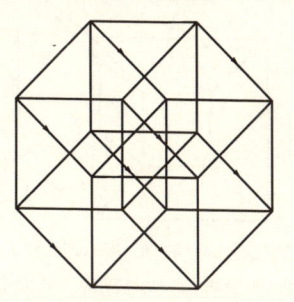

クロード・ブラグドンによる超立方体

3次元を超える次元が存在するというのは,昔から興味をそそる説だった.数学的に見れば,理屈から言って高次の次元が存在するのは当然のことに思える.

たとえば,まずゼロ次元の図形,すなわち点を考えてみよう.

この点を1単位右か左に動かすと線分が描ける．線分は1次元の図形である．この線分を1単位上か下に動かすと正方形が描ける．正方形は2次元の図形である．同様に，この正方形を1単位外か内へ動かすと，立方体ができる．これは3次元の図形である．次のステップは，この立方体を1単位4次元の方向へ動かす様子をなんとか視覚化し，超立方体（4次元立方体ともいう）を描くことである．同様にして，超球体すなわち4次元球体も得ることができる．しかし，数学の場合は4次元で話が終わらず，n次元を考える．さまざまな次元の図形の頂点，稜，面に関連するデータを収集してまとめると，あっと驚く数学的パターンが現れる．

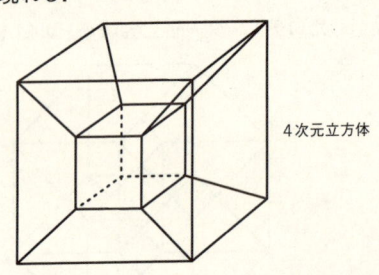

4次元立方体

　4次元が存在するという説は，多くの人々の関心をかき立ててきた．芸術家や数学者は，ある図形が4次元ではどう見えるかを想像し，絵や図に描こうとしてきた．4次元立方体すなわち超立方体は，立方体の4次元的表現だ．立方体を紙に描くときは，その3次元的な特性を表すために投影図法を用いる．したがって，紙に描いた4次元立方体は，投影図の投影図ということになる．

コンピュータと次元

人間は3次元生物だから，1次元から3次元までは容易に思い描いたり理解したりできる．数学的には4次元以上の次元も存在するが，見ることも想像することもできないものを信じるのはむずかしい．そこで，より高次の次元を視覚化する助けとして，コンピュータが使われるようになってきている．たとえば，ブラウン大学のトマス・バンチョフ(数学者)とチャールズ・ストラウス (コンピュータ科学者) は，コンピュータを使って超立方体の動画を生成している．超立方体に3次元空間を出入りさせ，それによって3次元空間でさまざまな角度から超立方体を見たときのイメージをつかまえようというわけだ．これはたとえて言えば，立方体 (すなわち3次元の図形) に平面 (2次元の世界) をさまざまな角度で通過させ，そのさいに平面上に残る断面図を記録するようなものである．この断面図をいくつも集めれば，3次元図形がどんなものか，2次元生物にも理解しやすくなるだろう．

この図は，球体が平面 (2次元) を通過する，すなわち平面に交差するさいにできるさまざまな像を示したものである．超立方体が空間 (3次元) を通過するのはこれと似ている．

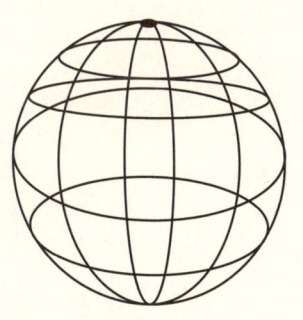

いまでは2次元のホログラムで3次元の図形を描くことができる．そして今日，ホログラムは広告やグラフィックの分野で商業的に使われている．将来は3次元のホログラムが開発されて，4次元図形を描くのに使われるようになるだろう．

　考えたことはないだろうか——あなたの親友は実は4次元生物で，ただあなたの目に3次元生物として見えているだけかもしれない．

"二重の"メビウスの輪

 位相幾何学では,図形のさまざまな性質のうち,変形されても(つまり伸びたり縮んだりしても)変化せずにそのまま残るものを研究対象とする.ユークリッド幾何学とは違って大きさや形は扱わないし,剛性の図形も扱わない.基本的には伸縮性の図形を研究する."ゴムの幾何学"と呼ばれるようになったのはそのためだ.メビウスの輪は,17世紀のドイツの数学者アウグストゥス・メビウスが考え出したものだが,これもまた位相幾何学で研究する図形の1つだ.メビウスの輪を作るには,細長い紙を半ひねりして端と端を糊付けすればよい.面白いことに,メビウスの輪には面が1つしかない.だから,鉛筆を一度も表面から離さずに,全面に線を引いていくことができるのである.

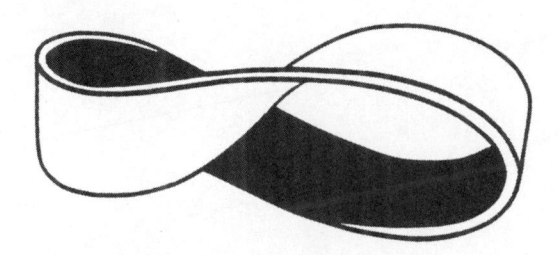

 ここで,"二重の"メビウスの輪を考えてみよう.2枚の細長い紙を用意し,まとめて半ひねりを加え,端と端をそれぞれ糊付けする.こうすると,入れ子になった2つのメビウスの輪ができるように思える.だが,ほんとうにそうだろうか.

図のような輪を作って試してみよう．2枚の紙の間に指を走らせ，入れ子になっているか確かめよう．鉛筆でいっぽうに線を引いて，スタート地点まで戻ってみよう．なにが起きるだろうか．

　また，2つの輪を離そうとするとどうなるかやってみよう．

逆説的曲線——空間充塡曲線

曲線はふつう1次元図形と見なされ,点(ゼロ次元の図形,あるいは次元を持たない図形と考えられる)によって構成されている.それを考えると,曲線がある空間を埋めることができるというのは矛盾に思える.ユークリッド幾何学の曲線は平面的,つまり平坦である.ユークリッド時代の数学者は,以下のようにして曲線が自己生成するという概念をまだ持っていなかった.

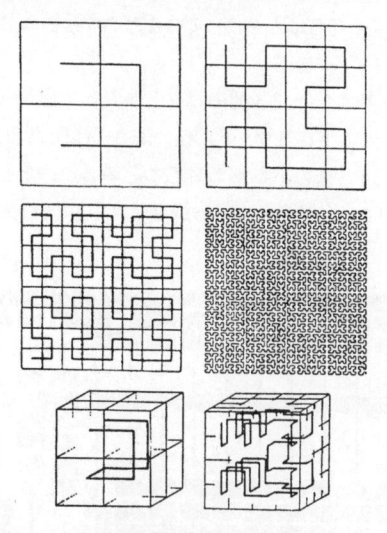

上の図は,空間充塡曲線の各段階を示している.この曲線は,図に示した特殊な方法で自己生成を繰り返すことによって,しまいには立方体の空間を完全に埋め尽くすことになる.

そろばん

古代のコンピュータとも呼ばれるそろばんは、いまに伝わる最古の計算機の1つだ。中国をはじめとするアジアの国々では、古くから現在までずっと使われつづけている。加減乗除のほか、平方根や立方根の計算もできる。そろばんにはさまざまな種類がある。たとえばアラブのそろばんは、縦糸に10個ずつ丸い珠を通したもので、中央に横棒はなかった。古代ギリシアやローマでも、そろばんを使っていたという記録が残っている。

中国のそろばんは、13列の珠を1本の桟(さん)で区切ったものだ。各列には、桟の下に5つ、上に2つ珠が通してある。桟の上の珠は、同じ列で桟の下にある珠5つと等しい。たとえば10の桁を表す列では、桟の上にある珠は5×10で50を表す。

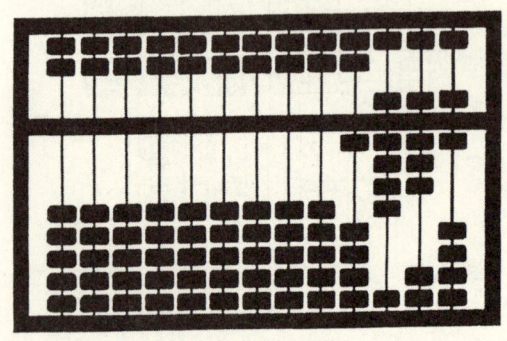

この珠の配置は1986を表している。

数学と織物

数学的図形を織物で表現するにはどうすればいいのだろう．織物を織っている人々は，数学的な観点から意識的にデザインを分析しているのだろうか．

ここにあげた織物を見ると，多くの数学的概念が表現されていることがわかる．

・左右対称の直線
・テセレーション
・幾何学図形
・比例関係にある図形
・鏡像

上から
ショショーニ・インディアンのデザイン
オジブワ・インディアンのデザイン
コンゴ（現ザイール）のデザイン
ポタワトミ・インディアンのデザイン

この織物のデザインに，上にあげた数学的概念の表現を見つけられますか．またそのほかにも数学的表現がないか探してみよう．

メルセンヌの数

17世紀, フランスの数学者マリン・メルセンヌは, これは素数であるとして69桁の数を提示した. 1984年2月, 数学者のチームがクレイ・コンピュータ (あらゆる数のクラスタから同時にサンプリングを実行できる) をプログラムして, ついにこの3世紀前に出された問題を解いた. コンピュータ時にして32時間12分を費やしたのち, メルセンヌの数には3つの素因数 (以下にあげる) があるのを発見したのだ. このお手柄はしかし, 暗号製作者を不安がらせている. 多くの暗号は, 因数を見つけにくい大きな桁の数を用いて, 情報を暗号化し, 秘密を保っているからだ.

メルセンヌの数

132686104398972053177608575506090561429353935989033525802891469459697

その素因数:

178230287214063289511

と

61676882198695257501367

と

12070396178249893039969681

ある数を素因数分解するというのは，その数をより小さな素数の積で表すということだ．その数が小さいときは簡単で，より小さな素数で片っ端から割ってみればよい．しかし，大きな数になると別の数学的手法が必要になる．

　ある数を素因数分解するのに必要な計算の回数は，その数が大きくなるにつれて指数関数的に増大する．毎秒10億回の演算を実行するコンピュータでも，上の方法で60桁の数を素因数分解するのには数千年かかるだろう．

　1985～86年，ロバート・シルヴァーマン（マサチューセッツ州ベッドフォードのマイター社）とピーター・モントゴメリ（カリフォルニア州サンタモニカのシステム・デベロップメント社）は，マイクロコンピュータを用いた方法を開発した．高速でしかも非常に安上がりな方法であり，素因数分解のために特別に開発された特殊なコンピュータや，高価な〈クレイ〉のスーパーコンピュータなどを使わずにすむ．最近では，8台のマイクロコンピュータを150時間走らせて，81桁の数を素因数分解するという成績をあげている．

知恵の板

知恵の板の7枚のピースを，どのように並べたら以下の図ができるか考えてみよう．

無限と有限

この図は，ある半円——長さは有限——上の点が，ある直線——こちらの長さは無限——上の点と1対1に対応することを示している．この図では半円の長さは5πであり，半円に接する直線の長さは無限である．ここで，点P（半円の中心）を起点とする半直線を，直線と半円の両方に交わるように引く．このとき，半直線と半円が交わる点と，半直線と直線が交わる点は，1対1に対応する．この半直線が半円に沿って移動して，しだいに半直線PQに近づいていくとき，これが直線と交わる点は半円から遠ざかっていく．

この半直線と半直線 PQ とが重なったらどうなるだろうか[1]*.*

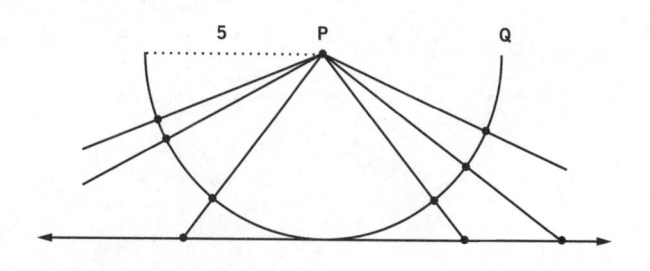

---

[1] 半直線は直線と平行になる．

三角数, 平方数, 五角形数

数にはさまざまな名前がついている. そのなかには, その数からできる幾何学図形に基づく名前もある. 下図に示すように, 三角形を形作る数はそのゆえに "三角数" とも呼ばれる. また完全平方数 (perfect square number), すなわち $1^2=1$, $2^2=4$, $3^2=9$……は正方形 (square) を形作る.

各グループの数には, それぞれ独自のパターンがある. ほかの幾何学図形に関連する数列も作って, そのパターンを探してみよう.

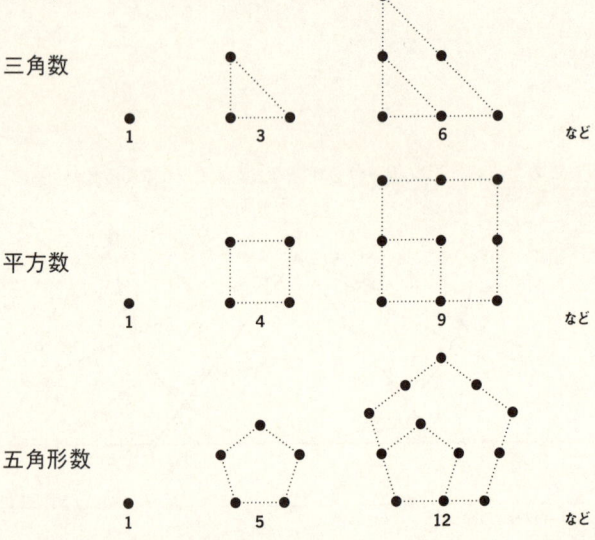

三角数

　　　1　　　3　　　6　　　など

平方数

　　　1　　　4　　　9　　　など

五角形数

　　　1　　　5　　　12　　　など

エラトステネス, 地球を測る

紀元前200年, エラトステネスは実にあざやかな手法で地球の大きさを測定した.

地球の全周を測るのに, エラトステネスは幾何学の知識, なかでも次の定理を使っている. すなわち,

> 平行線に交わる直線があるとき,
> 平行線の内側にできる錯角の角度は等しい.

夏至の日の正午, シエネ市（エジプト）では地面に垂直に立てた棒は影を落とさなくなるのに, ほぼ真北のアレクサンドリア（5000スタディオン≒500マイル≒800キロ離れている）では7°12′の角度で影ができる. これに気づいたエラトステネスは, 地球の全周を誤差2％の精度で計算した.

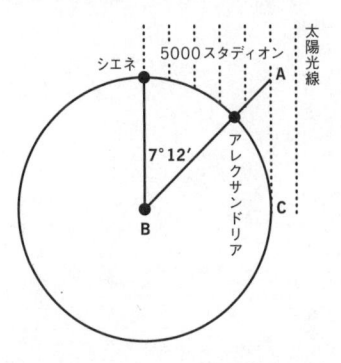

方法:

 太陽光線は互いに平行だから,前頁の図の∠CABと∠B は平行線の錯角で等しい.

 ここで,シエネとアレクサンドリアとの距離は,地球の全周の一部であり,その割合は7°12′／360°＝1／50である.したがって,地球の周囲の長さは(800キロ)×50＝40000キロとなる【1スタディオンを何キロとするかで意見が分かれるが,一般にはエラトステネスの出した地球の全周は46000キロほど,したがって誤差は15％ほどだったと言われている】.

射影幾何学と線形計画法

ベル研究所に数学者として所属していたころ,ナレンドラ・カーマーカーは線形計画問題を解く新たな方法を発見した.射影幾何学と連立方程式を用いることで,厄介な問題を解くのに要する時間を大幅に短縮したのだ.線形計画問題とは,通信衛星に時間を割り当てる,航空機乗務員のスケジュールを組む,何百万という長距離電話の回線をつなぐルートを決定するといった問題である.

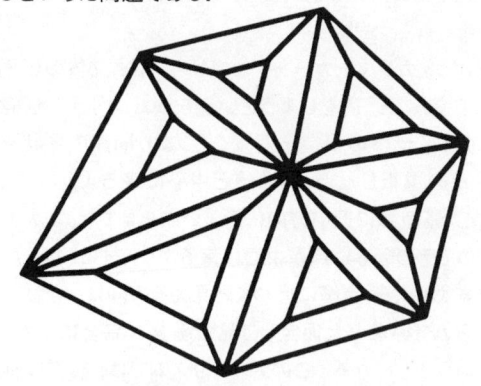

多くの面を持つ幾何学的立体を描いた図.

このような問題を解くのには,つい最近までシンプレックス法が使われていた.これは1947年に数学者ジョージ・B・ダンツィグの開発した方法だが,これには大量のコンピュータ時が必要であり,問題が複雑になると現実的には使い物にならなかった.数学の分野では,このような問題は何億という面

を持つ複雑な幾何学的立体として図示される.その何億という面の1つ1つがあり得る解にあたるわけだ.計算する解の数をなるべく減らして,いかに最適解を早く見つけられるかはアルゴリズム[1]次第である.ダンツィグのシンプレックス法は,立体の稜に沿って次々に角をチェックしていくというもので,チェックするたびに最適解が必ず近づいてくるようになっている.たいていの場合,この方法でじゅうぶん効率よく解にたどり着くことができるのだが,ただしそれは,変数(未知数)の数が15000から20000を超えない場合に限られる.

いっぽう,カーマーカー・アルゴリズムは,立体の表面でなく内部を進んで近道をしようという方法だ.内部の任意の点を選んだら,全体の構造を歪めて(つまり問題の形状を変化させ),その選択した点がちょうど中心に来るようにする.そのうえで,最適解に近い方向に新しい点を見つけ,ふたたび全体を歪めてその新しい点が中心に来るようにする.したがって,各時点において最適解に近づくと見える方向は,全体の形状が歪められていないと仮定して見た場合は完全にあさっての方向ということになる.このアルゴリズムでは,射影幾何学の概念に基づいて変形を繰り返すことによって,最適解に短時間でたどり着くことができる.

[1] アルゴリズムとは,ある解に到達するための計算方法のことをいう.たとえば,長除法の手順やステップも一種のアルゴリズムである.長除法の場合,たいてい割り算のさいに人は頭のなかで近道をしている.658を29で割るという場合,最初から658に29がいくつ入るか考えるのでなく,まず29に近い30が65にいくつ入るか考えるものだ.同様に"カーマーカー・アルゴリズム"にも,変形/歪曲という形で独特の近道が組み込まれているのである.

クモとハエのパズル

　ヘンリー・アーネスト・デュードニイは，有名な19世紀英国のパズル製作者だ．今日のパズル本には彼の傑作がいくつも収録されていることが多いが，作者として彼の名があがっていることはめったにない．1890年代には，有名なアメリカのパズル製作者サム・ロイドと共同で，一連のパズル作品を発表している．

　デュードニイは，1907年に初めての著書 *The Canterbury Puzzles*（カンタベリー・パズル）を出版し，その後さらに5冊のパズル本を出した．これらはいまでも数学的難問の宝庫である．

　"クモとハエ" は1903年に英国の新聞紙上に初めて発表された作品で，彼の最も有名なパズルの1つだ．

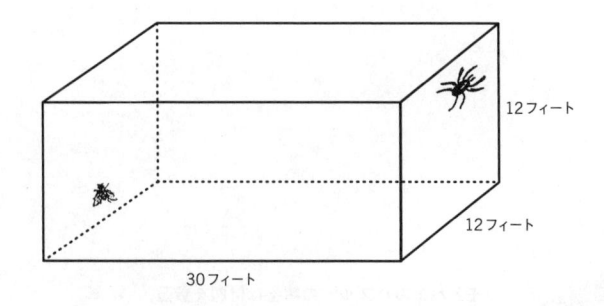

30フィート×12フィート×12フィートの方形の部屋があり，1匹のクモが端の壁の真ん中，天井から1フィートのところにいる．

ハエは反対端の壁の真ん中，床から1フィートのところに止まっている．ハエは恐怖のあまり動けなくなっている．

クモがハエのところまで這っていくとして，その最短距離は何フィートになるか（ヒント：42フィートより短い）．

"クモとハエのパズル"の解答は付録を参照．

数学と石けんの泡

　数学と石けんの泡にどんな関係があるのかと思うかもしれないが, 石けんの膜が作る形状は表面張力によって決まっている. 表面張力は, できるだけ表面積を小さくする方向に働く. したがって石けんの泡は, 空気の表面積が最低になる形で空気を包み込んでいるわけだ. シャボン玉は球形なのに, 泡が集まると形が変わる理由もこれで説明がつく. 泡の集まりでは, 泡の縁と縁は120°の角度で接する. これを三重接点という. 三重接点は, 基本的に3つの線分が接する点であるから, 交点の角度はそれぞれ120°になる. 自然界には, この三重接点に基づく現象が数多く見られる (たとえば魚のうろこ, バナナの中身, トウモロコシの粒のつきかた, 亀の甲羅など). これは自然の平衡点なのだ.

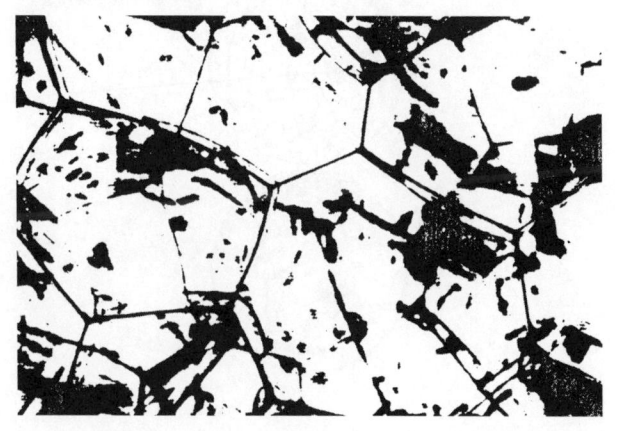

硬貨のパラドックス

　図のように，上の硬貨を下の硬貨に沿って半周させると，最初と同じ向きになる．全周の半分しか動いていないのだから，上下逆さまになりそうなものだ．硬貨を2つ使って実際に動きを観察しよう．なぜこうなるか説明できますか？

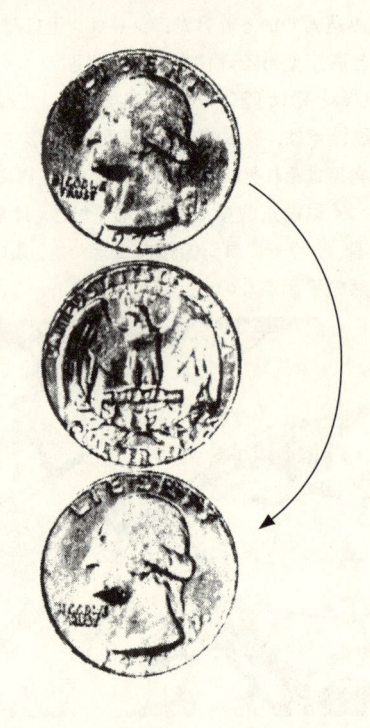

ヘクソミノ

　ヘクソミノとは，6つの正方形からなる平面図形だ．体積1単位の立方体を用意し，その辺のうち7つを切り離して展開する．こうしてできる図形がヘクソミノである．立方体のどの辺を切り離すかによって，できるヘクソミノの形は変化する．下にあげたのはその一部だ．

　　　ヘクソミノは全部で何種類あるだろうか．

フィボナッチ数列と自然

フィボナッチ数列は自然界にしょっちゅう顔を出すので，これはもう偶然とは思われない．

a) 花びらの数がフィボナッチ数になっている植物——エンレイソウ, 野バラ, アカネグサ, コスモス, キンポウゲ, オダマキ, ユリ, アヤメ

b) 花びらに似た部分の数がフィボナッチ数になっている植物——アスター, コスモス, デイジー, テンニンギク

以下にあげるフィボナッチ数は，花びらの数と一致することが多い．

```
 3・・・・・・・ユリとアヤメ
 5・・・・・・・オダマキ, キンポウゲ, ヒエンソウ
 8・・・・・・・デルフィニウム
13・・・・・・・アラゲシュンギク
21・・・・・・・アスター
34, 55, 84・・・デイジー
```

アカネグサ　　エンレイソウ　　コスモス　　野バラ

c) フィボナッチ数はまた，葉や枝や茎の配置にも見られる．たとえば，ある茎についた1枚の葉をゼロ番とし，そのゼロ番の真上に位置する葉に達するまでの葉の数を数える（葉は1枚も折れたり散ったりしていないものとする）．すると，その数はフィボナッチ数であることが非常に多い．さらに，ゼロ番の真上にある葉に達するまでのらせんの回転数も，やはりフィボナッチ数になっていることが多い．らせんの回転数に対する葉の数の比を葉序（phyllotactic——葉の配列を意味するギリシア語から）比と言う．この葉序比はたいていフィボナッチ比と一致する．

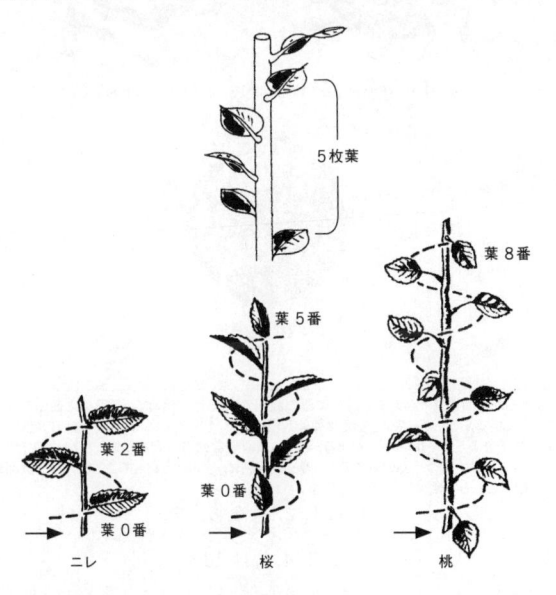

d) フィボナッチ数は松かさ数とも呼ばれてきた．というのも，連続するフィボナッチ数が，1つの松かさの左巻きのらせんの数，右巻きのらせんの数として現れることが多いからだ．ヒマワリの種子のつきかたでもこれは同様である．また，リュカ数列[1]の連続項と一致している場合もある．

左まわりのらせんとして数えれば13, 右まわりのらせんなら8

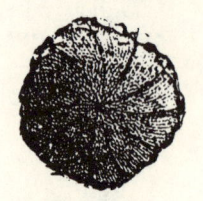

ヒマワリの種子

---

[1] リュカ数列はフィボナッチ数列に似た数列．1と3から始めて，各項は直前の2項の和になっている．したがって，リュカ数列は1, 3, 4, 7, 11……となる．この数列の名は19世紀の数学者エドワール・リュカによる．リュカは回帰数列の研究をした人であり，フィボナッチ数列にその名をつけたのもこの人．リュカ数列は，次のようにしてフィボナッチ数列から生み出すこともできる．

0, 1, 1, 2, 3, 5, 8, 13, …

1, 3, 4, 7, 11, 18, …

e) パイナップルもフィボナッチ数の現れる植物だ．パイナップルは六角形の鱗片に覆われているが，この鱗片が形作るらせんの数をかぞえてみよう．

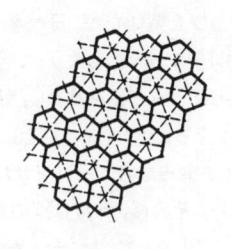

フィボナッチ数列と黄金比

フィボナッチ数列のとなりあう数の比を求め，それを数列にしてみると，

$$\frac{1}{1}, \frac{2}{1}, \frac{3}{2}, \frac{5}{3}, \frac{8}{5}, \cdots \frac{F_{n+1}}{F_n}, \cdots$$

1, 2, 1.5, 1.666, 1.6, 1.625, 1.6153, …

黄金比 ϕ より大きくなったり小さくなったりを交互に繰り返す．この数列の極限は ϕ である．この関係からわかるように，黄金比，黄金方形，あるいは等角らせんが現れるところには（とくに自然現象の場合）フィボナッチ数列が見られるし，またその逆も言える．

サルとココナッツ

3人の船乗りと1頭のサルが難破して孤島に流れ着いた．そこには食料といえばココナッツしかなかった．かれらは1日かけてココナッツを集めたが，日が暮れたのでとりあえず今夜は寝て，夜が明けてから分配しようということになった．しかし，夜のうちに船乗りの1人が目を覚まし，朝まで待たずに自分の分け前のココナッツをちょうだいすることにした．彼はココナッツを3等分したが，1つ余ったのでそれをサルに与え，自分のぶんは隠してまた眠った．その後，今度は別の船乗りが目を覚まし，最初の船乗りと同じことをして，1つ余ったココナッツをサルに与えた．さらにその後，3人めの船乗りも目を覚まし，2人の船乗りがしたと

おりにココナッツを3等分し、やはりまた1つ余ったのでそれをサルに与えた．朝になって3人は起き出し，ココナッツの山を3人で分け，1つ余ったのをまたサルに与えた．

　船乗りたちが集めたココナッツの数は，最も少ないときでいくつになるか．

　同じ問題を，船乗りが4人のとき，次は5人のときで解いてみよう．

　このような問題を解くのに用いる式をディオファントス方程式と言う．ディオファントスはギリシアの数学者で，初めてこのタイプの方程式を使って問題を解いた人である．

"サルとココナッツの問題"の解答は付録を参照．

クモとらせん

4匹のクモが，6×6メートルの正方形の4隅から同時に這いはじめたとする．毎秒1センチという一定の速度で，クモはそれぞれ自分の右側のクモに向かって這っていく．どのクモも同じように動いているので，結果的に4匹とも正方形の中央に向かって移動することになり，また4匹は常に正方形の4隅に位置することになる．

4匹が中央で出会うまでに何分かかるだろうか．

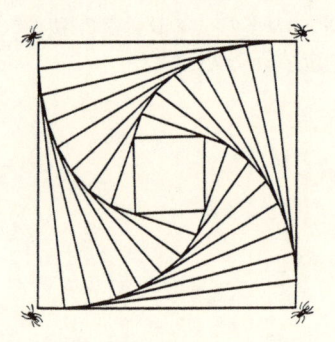

クモたちの軌跡が描く曲線は等角らせんをなす[1]．

この問題を正方形以外の正多角形でも解いてみよう．

☞ **"クモとらせん"** の解答は付録を参照．

---

[1] 等角らせんについてくわしくは，「黄金方形」の節（142ページ）を参照．

付　録

解答

p24——三角形から正方形へ

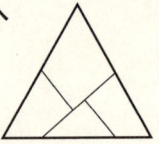

p35——小麦とチェス盤
$1+(2)+(2)^2+(2)^3+(2)^4+\cdots\cdots+(2)^{63}$
$1+2+4+8+16+\cdots\cdots$

p59——T字パズル

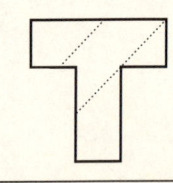

p61——無限ホテル
すべての宿泊客を，いまの部屋番号に2をかけた数の部屋に移す．つまり，1号室の客は2号室に，2号室の客は4号室に，3号室の客は6号室に，というように移していく．すると奇数の番号の部屋はすべて空くので，無限バスの客たちはそこに入ればよい．

p71——サム・ロイドのパズル
中央のマスから始めて，以下の順序で該当のマスの数だけ進

めばよい．左下（3マス），左下（4マス），右上（6マス），右上（6マス），右上（2マス），左下（5マス），左下（4マス），左下（4マス），左上（4マス）．

---

p76──フィボナッチのトリック

先頭2項を a, b とすると，その後に続く項は以下のように表せる．a＋b, a＋2b, 2a＋3b, 3a＋5b, 5a＋8b, 8a＋13b, 13a＋21b, 21a＋34b．ここでこの最初の10項を合計すると，55a＋88b となり，これは第7項 5a＋8b の11倍である．

---

p83──歴史的事件のあった10の年

左上（漢数字）：1948年──ガンジー暗殺．
中一番上（ヘブライ数字）：1879年──アインシュタイン誕生．
右上（エジプト数字）：1215年──マグナ・カルタ．
中二番目（ローマ数字）：1066年──ヘースティングズの戦い．
中三番目（バビロニア数字）：476年──西ローマ帝国の滅亡．
中四番目（ギリシア数字）：1455年──グーテンベルク聖書．
中五番目（ヘブライ数字）：563年（紀元前）──仏陀誕生．
中六番目（ローマ数字）：1770年──ベートーヴェン誕生．
左下（マヤ数字）：1776年──アメリカ独立宣言．
一番下（2進法）：1969年──アポロ月面着陸．

p86——Pillow Problems の第8問

ルイス・キャロルの解説——

人数を m,

末尾の人(一番所持金の少ない人)の持っているシリングの値を k とする.

一巡したとき,全員がそれぞれ1シリングずつ所持金を減らし,動いている金額は m シリングとなる. k 巡すると,全員が k シリングずつ所持金を減らし,最後の人は所持金がなくなり,動いている金額は mk シリングとなる. これが続けられなくなるのは,次に末尾の人がシリング貨の山を渡さねばならなくなったときで,このとき末尾の人が持っている金額は (mk＋m−1) シリング,末尾から1つ手前の人はゼロ,先頭の人は (m−2) シリング持っていることになる.

隣り合う者どうしで所持金の割合が4対1となり得るのは,先頭の人と末尾の人のみである. したがって,

mk＋m−1＝4 (m−2),あるいは

4 (mk＋m−1)＝m−2が成り立つはずである.

第1の等式を展開するとmk＝3m−7, すなわちk＝3−(7／m)となるから,これを満たす正の整数は m＝7, k＝2 しかない.

第2の等式を展開すると, 4mk＝2−3mとなるが,これを満たす正の整数は存在しない.

したがって, 答えは7人, 2シリングとなる.

p98——不思議な競走路の証明

競走路の面積は，$\pi R^2 - \pi r^2$
これは大円の面積から小円の面積を引いたもの．
p98の図から，この弦の長さは$2\sqrt{(R^2 - r^2)}$

したがって，これを直径とする円の面積は$\pi(R^2 - r^2)$，つまり$\pi R^2 - \pi r^2$になる．

---

p99——ペルシアの馬

上下に腹と腹を向かい合わせる格好で2頭，左右に背と背を向かい合わせる格好で2頭描かれている．

---

p100——サム・ロイドのロバ

---

p155——アキレスと亀

1,111メートルと9分の1走ったところで，アキレスは亀に追いつく．競走路の長さがこれより短ければ亀の勝ち，ちょうどこの長さなら引き分け，それより長ければアキレスが亀を追い抜く．

p161——ディオファントスのなぞなぞ

ディオファントスの生きた年数をnとする．

(1/6)n＋(1/12)n＋(1/7)n＋5＋(1/2)n＋4＝n
まとめると，(3／28)n＝9
　　　　　　　n＝84年

---

p176——チェッカー盤の問題

この変形チェッカー盤にドミノ牌を敷きつめることはできない．ドミノ牌1枚を置くには，赤と黒のマスが1つずつ必要だ．取り除いた隅のマスはどちらも同じ色だから，残ったマスは赤と黒の数が合わなくなっているので．

---

p181——1＝2の証明

6) でゼロによる割り算をしている．ゼロがb－aという表現でごまかされている．最初にa＝bと置いているから，b－aはゼロである．

---

p189——抜き打ちテストのパラドックス

テストは金曜日におこなわれるはずはない．金曜日は週の最後の日だから，木曜日までテストがなければその時点で金曜日とわかってしまう．条件は，その日の朝まではいつテストがあるかわからないということだ．とすれば，金曜日ではありえないわけだから，テストがありうる最後の日は木曜日ということになる．しかし，木曜日でもありえない．というのも，水曜日にテストがなければあとは木曜と金曜しか残っていないが，金曜日は最初から対象外だから，水曜日にはテストは木曜日だとわかってしまう——いつあるかわからないはずなのに．するとあり得る最後の日は水曜

日になるが，火曜日までテストがなければテストは水曜日だとわかってしまうので水曜日も候補からはずれる．このように考えていくと，週のどの日にも抜き打ちテストはできないことになる．

---

p204——農夫，オオカミ，ヤギ，キャベツ

まずヤギを対岸に渡す．戻ってきてオオカミを舟に乗せる．オオカミを対岸に残し，ヤギを乗せて戻ってくる．ヤギをもとの場所に残し，キャベツを乗せてオオカミのいる対岸に運ぶ．最後にまた戻ってきて，ヤギを舟に乗せ，オオカミとキャベツの待つ対岸に渡る．

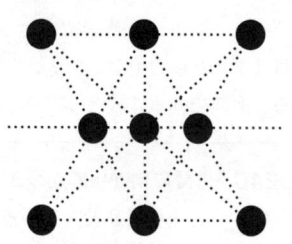

---

p208——9つの硬貨のパズル

---

p223——薪，水，粉の問題

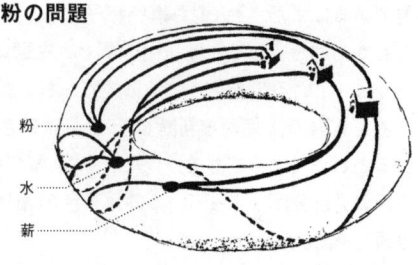

粉
水
薪

道が（ユークリッド幾何学的）平面にしか作れない場合，薪，水，粉の問題に解はない．しかし，3軒の家がトーラス，つまりドーナツ形の立体の表面に建っている場合は（図のように），解は簡単に得られる．

p230──偽造銀貨のパズル

答えは1回！

最初の山からは1枚，2番目からは2枚，3番目からは3枚，というように銀貨をとって秤にのせればよい．すべて本物だったら何グラムになるかわかっているわけだから，何グラム重くなっているか見ればどの山が偽造銀貨か判定できる．重くなったグラム数が，偽造銀貨をとった山に対応するわけだ．たとえば4グラム重ければ，4番目の山が偽造だったということになる．その山から4枚とって秤にのせたのだから．

p240──壁に向かって立つ3人の男

壁から最も遠くに立っている男は，前の2人が2人とも茶色の帽子をかぶっているか，1人は黒で1人は茶色という状況を見ているはずだ．2人とも黒い帽子なら，自分は茶色の帽子だとわかるからである．真ん中の男は，先頭の男が茶色の帽子をかぶっているのを見ているはずだ．もし黒い帽子なら，最初に答えた男の言葉から判断して，自分は茶色の帽子をかぶっているとわかるからである．したがって，壁に向かって立つ先頭の男は，自分がかぶっているのは茶色の帽子しかありえないと推理できる．

p276──クモとハエ

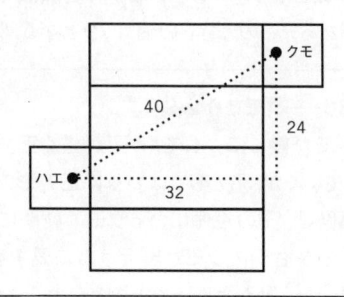

p285──サルとココナッツ

答えは79個. 最初のココナッツの数をnとすると, 次の式が成り立つ.

サルがもらった個数	船乗りがとって隠した数	残ったココナッツの数
1	$(n-1)/3$	$(2n-2)/3$
1	$[(2n-5)/3]\div 3=(2n-5)/9$	$2(2n-5)/9=(4n-10)/9$
1	$[(4n-19)/9]\div 3=(4n-19)/27$	$2(4n-19)/27=(8n-38)/27$

	翌朝, 船乗りがそれぞれ受け取った数	
1	$[(8n-65)/27]\div 3=(8n-65)/81$	0

おさらいすると, nはもともとあったココナッツの総数である.

$(8n-65)/81=f$と置くと, fは翌朝ココナッツを分けたときにそれぞれの船乗りが受け取る数である. fは自然数だから, 1から始めて順番に大きな数を代入してみる. この式でn

が整数となり，かつfが最小の自然数であるのは，f＝7のときである．このときnの値は79となる．

---

p286——クモとらせん

クモが動くにつれて，4匹が描く正方形の大きさは小さくなっていくが，形としてはつねに正方形である．1匹1匹のクモの軌跡は，その右側にいるクモの軌跡に対して直交する．1匹のクモが右側のクモと出会うのに要する時間は，右側のクモがまったく動かなかったときと変わらない．つまりクモはいずれも6メートル，すなわち600センチ移動することになる．クモの速度は毎秒1センチだから，所要時間は600秒＝10分になる．

The Joy of Mathematics（数学の楽しみ），More Joy of Mathematics（もっと数学の楽しみ）については，参考文献をすべて網羅するのはもともと無理な相談だ．私の書庫にある本をすべてリストアップしても十分ではない．なにしろ25年かけて書きためてきたものだから．というわけで，この参考文献リストはごく一部である．

Alic, Margaret. HYPATIA HERITAGE, Beacon Press, Boston, 1986.
（邦題『男装の科学者たち：ヒュパティアからマリー・キュリーへ』マーガレット・アーリク著，上平初穂，上平恒，荒川泓訳，北海道大学図書刊行会，1999）

Asimov, Isaac. ASIMOV ON NUMBERS, 242, Pocket Books, New York, 1978.

Bakst, Aaron. MATHEMATICS ITS MAGIC & MYSTERY, D. Van Nostrand Co., New York, 1952.
（邦題『100万人の数学教室：数学パズルから宇宙ロケットまで』アーロン・ベイクスト著，金沢養訳，白揚社，1964-1965）

Ball, W.W. Rouse and Coxeter, H.S.M. MATHEMATICAL RECREATIONS AND ESSAYS, 13th ed., Dover Publications, Inc., New York, 1973.

Ball, W.W. Rouse. A SHORT ACCOUNT OF THE HISTORY OF MATHEMATICS, Dover Publications, Inc., New York, 1960.

Banchoff, Thomas F. BEYOND THE THIRD DIMENSION, Scientific American Library, New York, 1990.
（邦題『目で見る高次元の世界』トマス・F・バンチョフ著，永田雅宜，橋爪道彦訳，東京化学同人，1994）

Barnsley, Michael. FRACTALS EVERYWHERE, Academic Press, Inc., Boston, 1988.

Beckman, Petr. A HISTORY OF π, St. Martin's Press, New York, 1971.

Beiler, Albert H. RECREATIONS IN THE THEORY OF NUMBERS, Dover Publications, Inc., New York, 1964.

Bell, E.T. MATHEMATICS QUEEN & SERVANT OF SCIENCE, McGraw-Hill Book Co., Inc., New York, 1951.
(邦題『天才数学者はいかに考えたか』E・T・ベル著, 河野繁雄訳, 早川書房, 2004)

Bell, E.T. MEN OF MATHEMATICS, Simon & Schuster, New York, 1965.
(邦題『数学をつくった人びと』E・T・ベル著, 田中勇, 銀林浩訳, 早川書房, 2003.9-2003.11)

Bell, R.C. BOARD AND TABLE GAMES FROM MANY CIVILIZATIONS, Dover Publications, Inc., New York, 1979.

Bell, R.C. OLD BOARD GAMES, Shire Publications Ltd., Bucks, U.K., 1980.

Benjamin Bold. FAMOUS PROBLEMS OF GEOMETRY & HOW TO SOLVE THEM, Dover Publications, Inc., New York, 1969.

Bergamini, David. MATHEMATICS, Time Inc., New York, 1963.

Boyer, Carl B. A HISTORY OF MATHEMATICS, Princeton University Press, Princeton, 1968.
(邦題『数学の歴史』カール・B・ボイヤー著, 加賀美鉄雄, 浦野由有訳, 朝倉書店, 1984)

Brooke, Maxey. COIN GAMES & PUZZLES, Dover Publications, Inc., New York, 1963.

Bunch, Bryan H. MATHEMATICAL FALLACIES AND PARADOXES, Van Nostrand Reinhold Co., New York, 1982.
(邦題『パラドクスの数理』ブライアン・H・バンチ著, 細井勉訳, 共立出版, 1984)

Campbell, Douglas and Higgins, John C. MATHEMATICS-PEOPLE, PROBLEMS, RESULTS, 3 volumes, Wadsworth International, Belmont, 1984.

Chadwick, John. READING THE PAST-LINEAR B AND RELATED SCRIPTS, University of California Press, Berkeley, 1987.

Clark, Frank. CONTEMPORARY MATH, Franklin Watts, Inc., New York, 1964.

Cook, Theodore Andrea. THE CURVES OF LIFE, Dover Publications, Inc., New York, 1979.

Davis, Philip J. and Hersh, Reuben. THE MATHEMATICAL EXPERIENCE, Houghton Mifflin, Co., Boston 1981
(邦題『数学的経験』P・J・デービス, R・ヘルシュ著, 柴垣和三雄, 清水邦夫, 田中裕訳, 森北出版, 1986)

Delft, Pieter van and Botermans, Jack. CREATIVE PUZZLES OF THE WORLD, Harry N. Abrams, Inc., New York, 1978.

Doczi, György. THE POWER OF LIMITS, Shambhala Publications, Boulder, CO, 1981.
(邦題『デザインの自然学:自然・芸術・建築におけるプロポーション』ジョージ・ドーチ著, 多木浩二訳, 青土社, 1999)

Edwards, Edward B. PATTERN AND DESIGN WITH DYNAMIC SYMMETRY, Dover Publications, Inc., New York, 1967.

Ellis, Keith. NUMBER POWER, St. Martin's Press, New York, 1978.

Emmet, E.R. PUZZLES FOR PLEASURE, Bell Publishing Co., New York, 1972.

Engel, Peter. FOLDING THE UNIVERSE, Vintage Books, New York, 1989.

Ernst, Bruno. THE MAGIC MIRROR OF M. C. ESCHER, Ballantine Books, New York, 1976.
(邦題『エッシャーの宇宙』ブルーノ・エルンスト著, 坂根巌夫訳, 朝日新聞社, 1983)

Eves, Howard W. IN MATHEMATICAL CIRCLES, two volumes, Prindle, Weber & Schmidt, Inc., Boston, 1969.

Filipiak, Anthony S. MATHEMATICAL PUZZLES, Bell Publishing Co., New York, 1978.

Fixx, James. GAMES FOR THE SUPER INTELLIGENT, Doubleday & Co., Inc., New York, 1972.

Fixx, James. MORE GAMES FOR THE SUPER INTELLIGENT, Doubleday & Co., Inc., New York, 1972.

Gamow, George. ONE, TWO, THREE-- INFINITY, Viking Press, New York, 1947.
(邦題『宇宙 =1, 2, 3…無限大』ジョージ・ガモフ著, 崎川範行, 伏見康治, 鎮目恭夫訳, 白揚社, 1992)

Gardner, Martin. PERPLEXING PUZZLES & TANTALIZING TEASERS, Dover Publications, Inc., New York, 1977.

Gardner, Martin. THE UNEXPECTED HANGING, Simon & Schuster, Inc., New York, 1969.
(邦題『楽しい数学へのアプローチ』マーチン・ガードナー著, 高木茂男訳, 講談社, 1974)

Gardner, Martin. CODES, CIPHERS AND SECRET WRITING, Dover Publications, Inc., New York, 1972.
(邦題『マーチン・ガードナーの暗号で遊ぶ本』マーチン・ガードナー著, 岸田孝一, 上田克之共訳, 自然社, 1980)

Gardner, Martin. MATHEMATICS, MAGIC AND MYSTERY, Dover Publications, Inc., New York, 1956.
(邦題『数学マジック』マーティン・ガードナー著, 金沢養訳, 白揚社, 1999)

Gardner, Martin. NEW MATHEMATICAL DIVERSIONS FROM SCIENTIFIC AMERICAN, Simon & Schuster, Inc., New York, 1966.

Gardner, Martin. MATHEMATICAL CARNIVAL, Alfred A. Knopf, New York, 1975.

Gardner, Martin. MATHEMATICAL MAGIC SHOW, Alfred A. Knopf, New York, 1977.
(邦題『数学魔法館』マーチン・ガードナー著, 一松信訳, 東京図書, 1979)

Gardner, Martin. MATHEMATICAL CIRCUS, Alfred A. Knopf, New York, 1979.
(邦題『ガードナーの数学サーカス』マーチン・ガードナー著, 高山宏訳, 東京図書, 1981)

Gardner, Martin. MARTIN GARDNER'S SIXTH BOOK OF MATHEMATICAL

DIVERSIONS FROM SCIENTIFIC AMERICAN, University Chicago Press, Chicago, 1983.

Gardner, Martin. THE NEW AMBIDEXTROUS UNIVERSE, W.H. Freeman, New York, 1990.
(邦題『自然界における左と右』マーティン・ガードナー著, 坪井忠二, 藤井昭彦, 小島弘訳, 紀伊國屋書店, 1992)

Gardner, Martin. PENROSE TILES TO TRAPDOOR CIPHERS, W.H.Freeman, New York, 1988.
(邦題『ペンローズ・タイルと数学パズル』マーティン・ガードナー著, 一松信訳, 丸善, 1992)

Gardner, Martin. KNOTTED DOUGHNUTS & OTHER MATHEMATICAL ENTERTAINMENTS, W.H.Freeman & Co., New York, 1986.

Gardner, Martin. TIME TRAVEL, W.H.Freeman & Co., New York, 1987.

Gardner, Martin. WHEELS, LIFE AND OTHER MATHEMATICAL AMUSEMENTS, W.H. Freeman & Co., New York, 1983.
(邦題『アリストテレスの輪と確率の錯覚』マーチン・ガードナー著, 一松信訳, 日経サイエンス社, 1993)

Gardner, Martin. THE INCREDIBLE DR. MATRIX, Charles Scribner's Sons, New York, 1976.
(邦題『メイトリックス博士の驚異の数秘術』マルティン・ガードナー著, 一松信訳, 紀伊国屋書店, 1978)

Gardner, Martin. THE 2ND SCIENTIFIC AMERICAN BOOK OF MATHEMATICAL PUZZLES & DIVERSIONS, Simon & Schuster, New York, 1961.
(邦題『新しい数学ゲーム・パズル』マーチン・ガードナー著, 金沢養訳, 白揚社, 1966)

Gardner, Martin. THE SCIENTIFIC AMERICAN BOOK OF MATHEMATICAL PUZZLES & DIVERSIONS, Simon & Schuster, New York, 1959.
(邦題『おもしろい数学パズル』マーティン・ガードナー著, 金沢養訳, 社会思想社, 1980)

Ghyka, Matila. THE GEOMETRY OF ART & LIFE, Dover Publications, Inc., New York, 1977.

Gleick, James. CHAOS, Penguin Books, New York, 1987.
(邦題『カオス:新しい科学をつくる』ジェイムズ・グリック著, 大貫昌子訳, 上田亮監修, 新潮文庫, 1991)

Glenn, William H. and Johnson, Donovan A. INVITATION TO MATHEMATICS, Doubleday & Co., Inc., Garden City, 1961.

Glenn, William H. and Johnson, Donovan A. EXPLORING MATHEMATICS ON YOUR OWN, Doubleday & Co., Inc., Garden City, 1949.

Golos, Ellery B. FOUNDATIONS OF EUCLIDEAN AND NON-EUCLIDEAN GEOMETRY, Holt, Rinehart and Winston Inc., New York, 1968.

Graham, L.A. INGENIOUS MATHEMATICAL PROBLEMS & METHODS, Dover Publications, Inc., New York, 1959.

Greenburg, Marvin Jay. EUCLIDEAN AND NON-EUCLIDEAN GEOMETRIES, W.H. Freeman & Co., New York, 1973.

Grünbaum, Branko and Shephard, G.C. TILINGS AND PATTERNS, W.H. Freeman & Co., New York, 1987.

Gunfeld, Frederic V. GAMES OF THE WORLD, Holt, Rinehart and Winston Inc., New York, 1975.

Hambridge, Jay. THE ELEMENTS OF DYNAMIC SYMMETRY, Dover Publications, Inc., New York, 1953.

Hawkins, Gerald S. MINDSTEPS TO THE COSMOS, Harper & Row, Publishers, New York, 1983.
(邦題『宇宙へのマインドステップ：ストーンヘンジから ET まで』ジェラルド・S・ホーキンズ著, 木原英逸, 鳥居祥二訳, 白揚社, 1988)

Heath, Royal Vale. MATH-E-MAGIC, Dover Publications, Inc., New York, 1953.

Herrick Richard, editor. THE LEWIS CARROLL BOOK, Tudor Publishing, Co., New York, 1944.

Hoffman, Paul. ARCHIMEDES REVENGE, W.W. Norton & Co., New York, 1988.

Hoggatt, Verner E., Jr. FIBONACCI & LUCAS NUMBERS, Houghton Mifflin Co., Boston, 1969.

Hollingdale, Stuart. MAKERS OF MATHEMATICS, Penguin Books, London, 1989.
(邦題『数学を築いた天才たち』スチュアート・ホリングデール著, 有田八州穂, 岡部恒治訳, 上下, 講談社ブルーバックス, 1993)

Hunter, J. A. H. and Madachy, Joseph S. MATHEMATICAL DIVERSIONS, Dover Publications, Inc., New York, 1963.
(邦題『数学レクリエーション：数のパズルから現代数学まで』J・A・H・ハンター, J・S・マダチー著, 田中勇訳, 白揚社, 1964)

Huntley, H.E. THE DIVINE PROPORTION, Dover Publications, Inc., New York, 1970.

Hyman, Anthony. CHARLES BABBAGE, Princeton University Press, Princeton, 1982.

Ifrah, George. FROM ONE TO ZERO, Viking Penguin Inc., New York, 1985.

Ivins, William M. ART & GEOMETRY, Dover Publications, Inc., New York, 1946.

Jones, Madeline. THE MYSTERIOUS FLEXAGONS, Crown Publishers, Inc., New York, 1966.

Kaplan, Philip. POSERS, Harper & Row, New York, 1963.

Kaplan, Philip. MORE POSERS, Harper & Row, New York, 1964.

Kasner, Edward and Newman, James. MATHEMATICS AND THE IMAGINATION, Simon & Schuster, New York, 1940.
(邦題『数学の世界』E・カスナー、J・ニューマン共著、宮本敏雄、大喜多豊訳共訳、上下、河出書房、1955)

Kim, Scott. INVERSIONS, W.H. Freeman and Co., New York, 1981.

Kline, Morris. MATHEMATICS AND THE PHYSICAL WORLD, Thomas Y. Crowell Co., New York, 1959.

Kline, Morris. MATHEMATICS : THE LOSS OF CERTAINTY, Oxford University Press, New York, 1980.
(邦題『不確実性の数学:数学の世界の夢と現実』モーリス・クライン著、三村護、入江晴栄共訳、上下、紀伊國屋書店、1984)

Kline, Morris. MATHEMATICAL THOUGHT FROM ANCIENT TO MODERN

TIMES, 3 volumes, Oxford University Press, New York, 1972.

Kraitchik, Maurice. MATHEMATICAL RECREATIONS, Dover Publications, Inc., New York, 1953.
(邦題『100万人のパズル』モリス・クライチック著, 金沢養訳, 上下, 白揚社, 1968)

Lamb, Sydney. MATHEMATICAL GAMES PUZZLES & FALLACIES, Raco Publishing Co., Inc., New York, 1977.

Lang, Robert. THE COMPLETE BOOK OF ORIGAMI, Dover Publications, Inc., New York, 1988.

Leapfrogs. CURVES, Leapfrogs, Cambridge, 1982.

Linn, Charles F., editor. THE AGES OF MATHEMATICS, 4 volumes, Doubleday & Co., New York, 1977.

Locker, J.L., editor. M.C. ESCHER, Harry N. Abrams, Inc., New York, 1982.

Loyd, Sam. THE EIGHTH BOOK OF TAN, Dover Publications, Inc., New York, 1968.
(邦題『おもしろいタングラムあそび』サム・ロイド著, 田中勇訳, 東京図書, 1981)

Loyd, Sam. CYCLOPEDIA OF PUZZLES, The Morningside Press, New York, 1914.

Luckiesh, M. VISUAL ILLUSIONS, Dover Publications, Inc., New York, 1965.

Madachy, Joseph S. MADACHY'S MATHEMATICAL RECREATIONS, Dover Publications, Inc., New York, 1979.

(邦題『数学プロムナード』J・S・マダチ著, みやたよしゆき訳, 啓学出版, 1987）

McLoughlin Bros. THE MAGIC MIRROR, Dover Publications, Inc., New York, 1979.

Menninger, K.W. MATHEMATICS IN YOUR WORLD, Viking Press, New York, 1962.

Montroll, John. ORIGAMI FOR THE ENTHUSIAST, Dover Publications, Inc., New York, 1979.

Moran, Jim. THE WONDEROUS WORLD OF MAGIC SQUARES, Vintage Books, New York, 1982.

Neugebauer, O. THE EXACT SCIENCES IN ANTIQUITY, Dover Publications, Inc., New York, 1969.
(邦題『古代の精密科学』O・ノイゲバウアー著, 矢野道雄, 斎藤潔共訳, 恒星社厚生閣, 1990）

Newman, James. THE WORLD OF MATHEMATICS, 4 volumes, Simon & Schuster, New York, 1956.
(邦題『自然のなかの数学』J・R・ニューマン他編, 林雄一郎訳編, 東京図書, 1970および『数学と論理と』J・R・ニューマン他編, 林雄一郎訳編, 東京図書, 1970）

Oglivy, C. Stanley and Anderson, John T. EXCURSIONS IN NUMBER THEORY, Dover Publications, Inc., New York, 1966.

Oglivy, Stanley C. and Anderson, John T. EXCURSIONS IN NUMBER THEORY, Oxford University Press, New York, 1966.

Osen, Lynn M. WOMEN IN MATHEMATICS, The MIT Press, Cambridge, 1984

(邦題『数学史のなかの女性たち:八人の女性数学者とその生涯』リン・M・オーセン著, 吉村証子, 牛島道子共訳, 法政大学出版局, 2000)

Peat, F. David. SUPERSTRINGS AND THE SEARCH FOR THE THEORY OF EVERYTHING, Contemporary Books, Chicago, 1988.
(邦題『超ひも理論入門』F・デーヴィッド・ピート著, 久志本克己訳, 上下, 講談社ブルーバックス)

Pedoe, Dan. GEOMETRY AND THE VISUAL ARTS, Dover Publications, Inc., New York, 1976.

Perl, Teri. MATH EQUALS, Addison-Wesley Publishing Co., Menlo Park, 1978.

Peterson, Ivars. THE MATHEMATICAL TOURIST, W.H. Freeman & Co., New York, 1988.
(邦題『現代数学ワンダーランド:コンピューター・グラフィックスがひらく』アイヴァース・ピーターソン著, 奥田晃訳, 新曜社, 1990)

Pickover, Clifford A. COMPUTERS, PATTERN, CHAOS, AND BEAUTY, St. Martin's Press, New York, 1990.
(邦題『コンピュータ・カオス・フラクタル:見えない世界のグラフィックス』クリフォード・A・ピックオーバー著, 高橋時市郎, 内藤昭三訳, 白揚社, 1993)

Ransom, William R. FAMOUS GEOMETRIES, J. Weston Walch, Portland, 1959.

Ransom, William R. CAN AND CAN'T IN GEOMETRY, J. Weston Walch, Portland, 1960.

Rodgers, James T. STORY OF MATHEMATICS FOR YOUNG PEOPLE, Pantheon Books, New York, 1966.

Rosenberg, Nancy. HOW TO ENJOY MATHEMATICS WITH YOUR CHILD, Stein & Day, New York, 1970.

Rucker, Rudolf v. B. GEOMETRY, RELATIVITY, AND THE FOURTH DIMENSION, Dover Publications Inc., New York, 1977.
(邦題『かくれた世界：幾何学・4次元・相対性』ルドルフ・v・B・ラッカー著, 金子務訳, 白揚社, 1981)

Sackson, Sid. A GAMUT OF GAMES, Pantheon Books, New York, 1982.

Schattschneider, Doris and Walker, Wallace. M.C. ESCHER KALEIDOCYCLES, Tarquin Publications, Norfolk, U.K., 1978.

Science Universe Series, MEASURING AND COMPUTING, Arco Publishing, Inc., New York, 1984.
(邦題『きざまれた世界：計測と計算』沢田克彦訳, リブリオ出版, 1985 (『イラスト百科サイエンス・ワールド』デイビッド・ジョランズ監修, 井原聰監訳, 7))

Sharp, Richard and Piggott, John, editors. THE BOOK OF GAMES, Galahad Books, New York City, 1977.

Smith, David Eugene, HISTORY OF MATHEMATICS, 2 volumes, Dover Publications, Inc., New York, 1953.

Steen, Lynn A., editor. FOR ALL PRACTICAL PURPOSES, INTRO. TO CONTEMPORARY MATHEMATICS, W.H. Freeman & Co., New York, 1988.

Steen, Lynn Arthur, ed. MATHEMATICS TODAY, Vintage Books, New York, 1980.

Stevens, Peter S. PATTERNS IN NATURE, Little, Brown and Co., Boston, 1974.

(邦題『自然のパターン:形の生成原理』ピーター・S・スティーヴンズ著, 金子務訳, 白揚社, 1994)

Stokes, William T., NOTABLE NUMBERS, Stokes Publishing, Los Altos, 1986.

Storme, Peter and Stryfe, Paul, HOW TO TORTURE YOUR FRIENDS, Simon & Schuster, New York, 1941.

Struik, Dirk J., A CONCISE HISTORY OF MATHEMATICS, Dover Publications, Inc., New York, 1948.
(邦題『数学の歴史』D・J・ストルイク著, 岡邦雄, 水津彦雄共訳, みすず書房, 1957)

Waerden, B. L. van der, SCIENCE AWAKENING, Science Editions, New York, 1963.
(邦題『数学の黎明:オリエントからギリシアへ』ヴァン・デル・ウァルデン著, 村田全, 佐藤勝造訳, みすず書房, 1984)

Weyl, Hermann. SYMMETRY, Princeton University Press, Princeton, 1952.
(邦題『シンメトリー』ヘルマン・ヴァイル著, 遠山啓訳, 紀伊國屋書店, 1970)

本書は、ちくま学芸文庫のために新たに訳出されたものである。

ガウスの数論　高瀬正仁

青年ガウスは目覚めとともに正十七角形の作図法を思いついた。初等幾何に露頭した数論の一端！創造の世界の不思議に迫る原典講読第2弾。

評伝 岡潔 星の章　高瀬正仁

詩人数学者と呼ばれ、数学の世界に日本的情緒を見事開花させた不世出の天才・岡潔。その人間形成と研究生活を克明に描く。誕生から研究の絶頂期へ。

評伝 岡潔 花の章　高瀬正仁

野を歩き、花を摘むように数学的自然を彷徨した伝説の数学者・岡潔。本巻は、その圧倒的数学世界を、絶頂期から晩年、近去に至るまで丹念に描く。

高橋秀俊の物理学講義　藤村 靖 編

ロゲルギストを主宰した研究者の物理的センスとは。力について、示量変数と示強変数、ルジャンドル変換、変分原理などの汎論四〇講。（上條隆志）

物理学入門　武谷三男

科学とはどんなものか。ギリシャの力学から惑星の運動解明まで、理論変革の跡をひも解いた科学論。三段階論で知られる著者の入門書。

数は科学の言葉　トビアス・ダンツィク 水谷淳 訳

数感覚の芽生えから実数論・無限論の誕生まで、数万年にわたる人類と数の歴史を活写。アインシュタインも絶賛した数学読み物の古典的名著。

常微分方程式　竹之内脩

初学者を対象に基礎理論を学ぶとともに、重要な具体例を取り上げ、それぞれの方程式の解法について解説する。練習問題を付した定評ある教科書。

対称性の数学　高橋礼司

モザイク文様等。"平面の結晶群"ともいうべき周期性をもった図形の対称性を考察し、視覚イメージから抽象的な群論的思考へと誘う入門書。（梅田亨）

数理のめがね　坪井忠二

物のかぞえかた、勝負の確率といった身近な現象の本質を解き明かす地球物理学の大家によるエッセイ。後半に「微分方程式雑記帳」を収録する。

飛行機物語	鈴木真二	なぜ金属製の重い機体が自由に空を飛べるのか？その工学と技術を、リリエンタール、ライト兄弟などのエピソードをまじえ歴史的にひもとく。
なめらかな社会とその敵	鈴木健	近代の根本的なバージョンアップを構想した画期的著作、ついに文庫化！ 複雑な世界を生きることはいかにして可能か。本書は今こそ新しい。
集合論入門	赤攝也	「ものの集まり」という素朴な概念が生んだ奇妙な世界、集合論。部分集合・空集合などの基礎から、丁寧な叙述で連続体や順序数の深みへと誘う。
確率論入門	赤攝也	ラプラス流の古典確率論とボレル–コルモゴロフ流の現代確率論。両者の関係性を意識しつつ、確率の基礎概念と数理を多数の例とともに丁寧に解説。
現代の初等幾何学	赤攝也	ユークリッドの平面幾何を公理的に再構成するには？ 現代幾何学の考え方に触れつつ、幾何学が持つ面白さも体感できる初学者への配慮溢れる一冊。
現代数学概論	赤攝也	初学者には抽象的でとっつきにくい〈現代数学〉。「集合」「写像とグラフ」「群論」「数学的構造」といった基本的概念を手掛かりに概説した入門書。
数学と文化	赤攝也	諸科学や諸技術の根幹を担う数学、また「論理的・体系的思考」を培う数学。この数学とは何ものなのか？ 数学の思想と文化を究明する入門概説。
微積分入門	W・W・ソーヤー 小松勇作 訳	微積分の考え方は、日常生活のなかから自然に出てくるもの。∫や $\frac{dy}{dx}$ の記号を使わず、具体例に沿って説明した定評ある入門書。
新式算術講義	高木貞治	算術は現代でいう数論。数の自明を疑わない明治の読者にその基礎を当時の最新学説で説く。『解析概論』の著者若き日の意欲作。（高瀬正仁）

数学をいかに使うか	志村五郎	「何でも厳密に」などとは考えてはいけない――。世界的数学者が教える「使える」数学とは。文庫版オリジナル書き下ろし。
数学をいかに教えるか	志村五郎	日米両国で長年教えてきた著者が日本の教育を斬る！ 掛け算の順序問題、悪い証明と間違えやすい公式のことから外国語の教え方まで。
記憶の切繪図	志村五郎	世界的数学者の自伝的回想。幼年時代、プリンストンでの研究生活と数多の数学者との交流と評価。巻末に「志村予想」への言及を収録。（時枝正）
通信の数学的理論	C・E・シャノン／W・ウィーバー 植松友彦 訳	IT社会の根幹をなす情報理論はここから始まった。発展いちじるしい最先端の分野に、根源的な洞察をもたらす古典的論文が新訳で復刊。
数学という学問 Ⅰ	志賀浩二	ひとつの学問として、広がり、深まりゆく数学。数・微積分・無限など「概念」の誕生と発展を軸にその歩みを辿る。オリジナル書き下ろし。全３巻。
現代数学への招待	志賀浩二	「多様体」は今や現代数学必須の概念。「位相」「微分」などの基礎概念を丁寧に解説・図説しながら、多様体のもつ深い意味を探ってゆく。
シュヴァレー リー群論	クロード・シュヴァレー 齋藤正彦 訳	現代的な視点から、リー群を初めて大局的に論じた古典的著作。著者の導いた諸定理はいまなお有用性を失わない。本邦初訳。
現代数学の考え方	イアン・スチュアート 芹沢正三 訳	現代数学は怖くない！「集合」「関数」「確率」などの基本概念をイメージ豊かに解説。直観で現代数学の全体を見渡せる入門書。図版多数。
若き数学者への手紙	イアン・スチュアート 冨永星 訳	数学者になるってどういうこと？ 現役で活躍する研究者が豊富な実体験を紹介。数学との付き合い方から「してはいけないこと」まで。（砂田利一）

書名	著者/訳者	内容紹介
ゲルファント 座標法	ゲルファント/グラゴレヴァ/キリロフ 坂本實 訳	座標は幾何と代数の世界をつなぐ重要な概念。数直線のおさらいから四次元の座標幾何までを、世界的数学者が丁寧に解説する。
ゲルファント やさしい数学入門 関数とグラフ	ゲルファント/グラゴレヴァ/シノール 坂本實 訳	数学でも「大づかみに理解する」ことは大事。グラフ化は、関数の振る舞いをマクロに捉える強力なツール。世界的数学者による訳し下ろしの入門書。
ゲルファント やさしい数学入門	小林龍一/廣瀬健/佐藤總夫	自然や社会を解析するための、「活きた微積分」のセンスを磨く! 差分・微分方程式までを丁寧にカバーした入門者向け学習書。
解析序説		
確率論の基礎概念	A.N.コルモゴロフ 坂本實 訳	確率論の現代化に決定的な影響を与えた『確率論の基礎概念』に加え、有名な論文「確率論における解析的方法について」を併録。全篇新訳。
物理現象のフーリエ解析	小出昭一郎	熱・光・音の伝播から量子論まで、振動・波動にもとづく物理現象とフーリエ変換の関わりを丁寧に解説。物理学の泰斗による名教科書。
ガロワ正伝	佐々木力	最大の謎、決闘の理由がついに明かされる! 難解なガロワの数学思想をひもといた後世の数学者たちにも迫った、文庫版オリジナル書き下ろし。
ブラックホール	佐藤文隆/R・ルフィーニ	相対性理論から浮かび上がる宇宙の「穴」。星と時空の謎に挑んだ物理学者たちの奮闘の歴史と今日的課題に迫る。写真・図版多数。
はじめてのオペレーションズ・リサーチ	齊藤芳正	問題を最も効率よく解決するための科学的意思決定の手法。当初は軍事作戦計画だったが、現在では経営科学等多くの分野で用いられている。
システム分析入門	齊藤芳正	意思決定の場に直面した時、問題を解決し目標を達成する多くの手段から、最適な方法を選択するための論理的思考。その技法を丁寧に解説する。

(笠原晧司)

(千葉逸人)

算法少女
遠藤寛子

父から和算を学ぶ町娘あきは、算額に誤りを見つけ声を上げた、と、若侍が……。和算への誘いとして定評の少年少女向け歴史小説。箕田源二郎・絵。

演習詳解 力学[第2版]
江沢洋/中村孔二/山本義隆

経験豊かな執筆陣が妥協を排し世に送った最高の演習書。練り上げられた問題と丁寧な解答は知的刺激に溢れ、力学の醍醐味を存分に味わうことができる。

原論文で学ぶ アインシュタインの相対性理論
唐木田健一

ベクトルや微分など数学の予備知識も解説しつつ、一九〇五年発表のアインシュタインの原論文を丁寧に読み解く。初学者のための相対性理論入門。

医学概論
川喜田愛郎

医学の歴史、ヒトの体と病気のしくみを概説。現代医療のなかで見過ごされがちな「病人の存在」に思いをひそめつつ、「医学とは何か」を考える。

初等数学史(上)
フロリアン・カジョリ
小倉金之助補訳
中村滋校訂

厖大かつ精緻な文献調査にもとづく記念碑の著作。古代エジプト・バビロニアからギリシャ・インド・アラビアへいたる歴史を概観する。図版多数。

初等数学史(下)
フロリアン・カジョリ
小倉金之助補訳
中村滋校訂

商業や技術の一環としても発達した数学。下巻は対数・小数の発明、記号代数学の発展、非ユークリッド幾何学など。文庫化にあたり全面的に校訂。

複素解析
笠原乾吉

複素数が織りなす、調和に満ちた美しい数の世界とは。微積分に関する基本事項から楕円関数などの話題までコンパクトに詰まった、定評ある入門書。

初等整数論入門
銀林浩

「神が作った」とも言われる整数。そこには単純に見えて、底知れぬ深い世界が広がっている。互除法、合同式からイデアルまで。(野﨑昭弘)

新しい自然学
蔵本由紀

科学的知のいびつさが様々な状況で露呈する現代、非線形科学の泰斗が従来の科学観を相対化し、全く新しい自然の見方を提唱する。(中村桂子)

書名	著者・訳者	内容
アインシュタイン回顧録	アルベルト・アインシュタイン 渡辺正訳	相対論など数々の独創的な理論を生み出した天才が、生い立ちと思考の源泉、研究態度を語った唯一の自伝。貴重写真多数収録。新訳オリジナル。
入門 多変量解析の実際	朝野煕彦	多変量解析の様々な分析法。それらをどう使いこなせばいい? マーケティングの例を多く紹介し、ユーザー視点に貫かれた実務家必読の入門書。
公理と証明	彌永昌吉	数学の正しさ、「無矛盾性」はいかにして保証されるのか。あらゆる数学の基礎となる公理系のしくみと証明論の初歩をもとに平易に解説。
地震予知と噴火予知	井田喜明	巨大地震のメカニズムはそれまでの想定とどう違っていたのか。地震理論のいまと予知の最前線の問題点に整理し、その問題点を鋭く指摘した提言の書。
ゆかいな理科年表	スレンドラ・ヴァーマ 安原和見訳	えっ、そうだったの! 数学や科学技術のいまと大発見発明大流行の瞬間をリプレイ。ときにニヤリ、ときになるほどどうと、愉快な読みきりコラム。
位相群上の積分とその応用	アンドレ・ヴェイユ 齋藤正彦訳	ハールによる「群上の不変測度」の発見、およびその後の諸結果を受け、より統一的にハール測度を論じた画期的著作。本邦初訳。 (平井武)
シュタイナー学校の数学読本	ベングト・ウリーン 丹羽敏雄/森章吾訳	中学・高校の数学がこうだったなら! フィボナッチ数列、球面幾何など興味深い教材で展開する授業十二例。新しい角度からの数学再入門でもある。
問題をどう解くか	ウェイン・A・ウィケルグレン 矢野健太郎訳	初等数学やパズルの具体的な問題を解きながら、解決に役立つ基礎概念を紹介。方法論を体系的に学ぶことのできる入門書。 (芳沢光雄)
数学フィールドワーク	上野健爾	微分積分、指数対数、三角関数などが文化や社会、科学の中でどのように使われているのか。さまざまな応用場面での数学の役割を考える。 (鳴海風)

数学の楽しみ　身のまわりの数学を見つけよう

二〇〇七年十月十日　第一刷発行
二〇二三年九月十五日　第十一刷発行

著　者　テオニ・パパス
訳　者　安原和見（やすはら・かずみ）
発行者　喜入冬子
発行所　株式会社　筑摩書房
　　　　東京都台東区蔵前二-五-三　〒一一一-八七五五
　　　　電話番号　〇三-五六八七-二六〇一（代表）
装幀者　安野光雅
印刷所　中央精版印刷株式会社
製本所　中央精版印刷株式会社

乱丁・落丁本の場合は、送料小社負担でお取り替えいたします。
本書をコピー、スキャニング等の方法により無許諾で複製する
ことは、法令に規定された場合を除いて禁止されています。請
負業者等の第三者によるデジタル化は一切認められていません
ので、ご注意ください。
© KAZUMI YASUHARA 2007 Printed in Japan
ISBN978-4-480-09113-0 C0141